中国**天眼**科普
神秘的脉冲星

张承民 编著

U0215071

清华大学出版社
北京

图书在版编目（CIP）数据

中国天眼科普：神秘的脉冲星 / 张承民编著. — 北京：清华大学出版社，2019（2021.1重印）
ISBN 978-7-302-53553-9

Ⅰ.①中⋯ Ⅱ.①张⋯ Ⅲ.①脉冲星－普及读物 Ⅳ.①P145.6-49

中国版本图书馆CIP数据核字（2019）第180065号

责任编辑：鲁永芳
封面设计：常雪影
责任校对：赵丽敏
责任印制：丛怀宇

出版发行：清华大学出版社
　　　　网　　址：http://www.tup.com.cn, http://www.wqbook.com
　　　　地　　址：北京清华大学学研大厦A座　邮　　编：100084
　　　　社 总 机：010-62770175　　　　邮　　购：010-62786544
　　　　投稿与读者服务：010-62776969, c-service@tup.tsinghua.edu cn
　　　　质量反馈：010-62772015, zhiliang@tup.tsinghua.edu.cn
印 装 者：三河市科茂嘉荣印务有限公司
经　　销：全国新华书店
开　　本：165mm×230mm　印　张：8.25　字　数：127千字
版　　次：2019年9月第1版　　　　印　次：2021年1月第3次印刷
定　　价：29.00元

产品编号：083613-01

谨以此书向南仁东老师致敬

他坚忍不拔的科学勇气一直激励着我们前行

铭记他的箴言：

"宁可少活二十年，也要拿下中国天眼"

时代楷模南仁东（1945—2017 年）与其领衔建造的 FAST 望远镜

前　言

　　脉冲星最初是由英国剑桥大学的博士研究生乔瑟琳·贝尔女士（Jocelyn Bell）发现的。1967 年夏，她在搜索射电望远镜天线的数据带时，注意到一个奇怪的周期信号，流量每隔 1.33 秒变化一次，后经仔细认证意识到这是一个未知的宇宙信号，来自后来称为脉冲星的天体。脉冲星是物理学家曾经预言的一种超级致密的中子星。脉冲星的发现是 20 世纪重大的天文学事件。经过 50 多年的研究，我们已经知道脉冲星是一种极端致密的天体，源于 8~25 倍太阳质量[①] 的恒星演化到末期，经历超新星爆发后形成，中心物质坍缩成中子星，约一个太阳质量，其物质密度大约是水密度的千万亿倍。脉冲星的射电辐射来自其磁场强大的极冠区，每当中子星的极冠转到地球视线方向时，我们便能收到其辐射的脉冲信号。脉冲星好比航海中的灯塔，当其辐射束扫过地球时即可以观测到一次脉冲信号。脉冲星半径约 10 km，自旋很快，目前在射电波段观测到的旋转周期在 1.39 毫秒 ~23.5 秒之间。

　　天文学家注意到，脉冲星在基础科学研究领域具有极其重要的学术意义。由于脉冲星的大质量和小半径，其表面引力场非常强，使得脉冲星成为爱因斯坦广义相对论验证的绝好场所。根据爱因斯坦的预言，双星系轨道在引力波辐射下将收缩，而轨道周期为几小时的双中子星系统每年将缩短几百厘米。1974 年，美国天文学家赫尔斯和泰勒发现了一对互相绕转的双中子星系统，他们利用此系统证实了引力波的预言。由于脉冲星的超强磁场，为研究磁层粒子加速机制、高能辐

---

① 太阳质量：用于测量恒星等大型天体的质量单位。它的大小等于太阳的总质量，约 1.989×10^{30} 千克。

射、射电辐射过程提供了一个理想的场所。在应用研究方面,脉冲星因其自转周期的高度稳定性,在时间标准和航天器导航上有着非常重要的应用前景。部分脉冲星自转周期的长期稳定性已经赶上甚至超过了氢原子钟。对脉冲星的研究涉及多学科协作,多波段探测,多信使研究,所以其研究已成为当今天体物理学最活跃的领域之一。

　　脉冲星自发现以来,在50年间取得了令世人瞩目的巨大成就。天文学家已经观测到3000多颗脉冲星,至今已积累了一大批宝贵的资料,同时也存在不少现象和问题尚待解决。随着中国"天眼"工程500米口径球面射电望远镜(FAST)大型装置的建设和观测手段的进一步发展,人类必将逐步揭示脉冲星所涉及的一系列新问题。虽然现在天文学家已经观测到19对双中子星系统,但尚未发现脉冲星+黑洞系统,FAST有望在接下来的若干年内探测到这类奇特双星系统,这将为精确确定黑洞性质获得关键信息,同时也可以检验引力波在此类系统的辐射性质。目前,观测到的毫秒脉冲星最快自旋周期是1.39毫秒,低于10毫秒的脉冲星有300多颗。根据理论计算,最快的脉冲星周期可达不足1毫秒,如果能探测到这类亚毫秒脉冲星,那么我们确定其物态很有可能是夸克物质,这将是核力起主导作用的一种新天体。此外,银河系以外脉冲星的探测也将作为FAST未来观测的重点。随着FAST射电望远镜灵敏度的提高,探测其他星系短时间内产生

我国已经建成的 FAST 全景

巨脉冲信号脉冲星也成为可能，这对于研究脉冲星奇特的辐射机制非常有利。另外，对于一些"年老"的脉冲星，其辐射的强度较低，星体自旋周期大于 10 秒。一般来说，自旋周期越大，其年龄越老，越不容易被探测到。在 FAST 高灵敏度的前提下，探测年老脉冲星变为可能，这对于研究脉冲星晚期演化特性是至关重要的。总之，在 FAST 时代，可以预知的脉冲星观测将突破原有的样本数目，各种新型脉冲星天体将不期而至，我们正在迎接一个中国自主大科学装置发现的时代。

目　录

1 脉冲星发现的故事

（1）贝尔发现脉冲星的过程

1967 年 8 月，剑桥射电天文台的博士研究生乔瑟林·贝尔（Jocelyn Bell）（图 1）在纷乱的记录纸带上察觉到一个奇怪的"干扰"信号，经多次反复研究，她成功地认证：每隔 1.33 秒地球接收到一个脉冲信号，它来自天体源（之后被命名为 PSR 1919+21）。得知这一惊人消息，她的研究生导师休伊什（Antony Hewish）教授曾怀疑这可能是外星人——"小绿人"——发出的摩尔斯电码。但是，进一步的观测表明，这个天体发出脉冲的频率精确得令人难以置信。接下来，贝尔又找出了另外 2 个类似的源，所以排除了外星人信号的可能，因为不可能有 3 个"小绿人"在不同时间、不同方向向地球发射信号。再经过认真仔细的研究，1968 年 2 月，贝尔和休伊什联名在英国《自然》杂志上发表了脉冲星的发现，并认为脉冲星就是物理学家预言的超级致密的中子星（也许是夸克星）。这是 20 世纪的一个重大发现，为天文学研究开辟了新的领域，而且对现代物理学的发展产生了深远影响，

图 1　乔瑟林·贝尔，脉冲星发现者

成为 20 世纪 60 年代天文学的四大发现之一（另三个发现是星际分子、类星体和微波背景辐射）。贝尔的导师休伊什因此获得 1974 年的诺贝尔物理学奖。

我们可以看到，贝尔发现脉冲星，只是科学研究过程中的一个"意外"，并不在预料之中。在科学史上这种意外也是较常见的，但是带有很大的运气成分，如伦琴 X 射线、青霉素等的发现。在科学研究中运气虽然是一个重要的因素，却不是全部因素。任何一个新的科学发现都源自于科学家连续不断、长期夜以继日的辛勤研究。现在让我们跟随贝尔的故事，重新回到那一段让人无比留恋的天文学的黄金时代。

这个故事开始于 20 世纪 60 年代中期，当时已经发现了行星际闪烁（interplanetary scintillation，IPS），是太阳带电粒子导致射电辐射的无线电信号强度出现明显的波动。光学闪烁是因为恒星投来的光波穿过地球上空一团团湍动的气流时受到了影响，例如夜晚看到的星星在"眨眼"。而天体无线电的"行星际闪烁"（表现为射电望远镜录下来的强度的快速起伏），是因为无线电波穿过太阳系空间也就是"行星际空间"时受到太阳抛出的一团团湍动的电子气体的影响而发生的衍射现象。致密的无线电源，如类星体，它们的射电流量受到星际介质影响。休伊什教授认为这种闪烁技术将是一种有效识别类星体的方法，于是他设计了一架大型射电望远镜（包括特殊的天线和接收机）来做这一工作。幸运的是，当这个望远镜即将开始建造时，贝尔成为了他的博士研究生。课题是利用行星际闪烁来估计类星体的角径（太阳、月亮和行星看上去是大小不一的圆盘，而角径指的是盘的直径张开的角度。对于同一天体，距离越远，角径就越小）。

为了能够记录到类星体电波的快速闪烁，望远镜的覆盖面积必须建造得很大。为此休伊什教授专门设计了一个覆盖面积约为 2 万平方米的射电望

图 2　行星际闪烁阵列望远望

远镜，可容纳 57 个标准网球场。这个望远镜由天线组成，天文学家将其称为多普勒阵。望远镜的天线主体是由 1000 多个柱子和它们之间架设的 2000 多个普通电视天线，并用 19 万米的电线将单个天线连接起来组成的巨型网络。整个望远镜的建造工作是由贝尔和其他四个同学亲自完成的，其间他们兴致勃勃地敲大锤、拉电线，不辞辛劳的工作。直到 1967 年 7 月，耗费了约两年的时间，望远镜终于建造完成，并开始运行。最不可思议的是，建造这样一个"庞然大物"才花费了约 1.5 万欧元，可以说是相当便宜。贝尔说，我们自己完成了这项工作——大约有五个人——在几个热衷于度假的学生的帮助下，在一个夏天里兴致勃勃地敲大锤。

望远镜建成后，贝尔在休伊什的指导下，负责望远镜的运行和数据分析。在观测时望远镜的四个波束同时使用，其视场对准南北方向的天空，每四天扫描一次 +50° 到 -10° 之间的天空。为了帮助贝尔和她的助手们尽快熟悉望远镜和更好地检查及分析数据，休伊什让她们使用四个三轨笔录器来记录观测信号，这些信号纸带长度每天可达约 29 米。

经过对几百米的纸带进行分析训练后，贝尔已经可以很快地识别出信号中的闪烁源和干扰（射电望远镜是非常敏感的仪器，而地球上的无线电产生的干扰，很容易湮没宇宙无线电信号；不幸的是，这是所有射电天文望远镜的一个特点）。如图 3 最上面部分第三个射电天体的闪烁记录，从左到右分别是无闪烁、强闪烁和不太强的闪烁。在开始观测的六周至八周后，贝尔发现纸带有时会记录一些"乱七八糟的东西"，这看起来并不像闪烁的信号，但也不完全像人为的干扰。此外，贝尔突然意识到，之前在记录这片天空（CP1919）信号的纸带上也看到过这种"特殊噪声"，如图 3 中部所示。

这个噪声信号是在晚间出现的，但是此时行星际闪烁强度最小，因此贝尔认为，这应该是一个点源发出的信号。无论它是什么，贝尔都认为这值得进行更仔细的检查，因此提高了记录信号的频率，使得噪声信号的结构更加清晰地展现在纸带上。到了 10 月底，在完成了类星体 3C273 的测试后，贝尔便每天去天文台作快速的信号记录，此时笔录器可以 0.1 秒的反应速度记录下观测信号。但在接下来的几个星期，并没有再次记录到那个信号。直到有一天贝尔因为去听讲座放

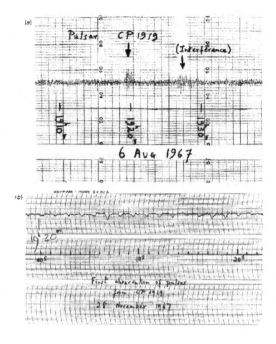

图 3　脉冲星信号示意图

弃了观测，在第二天的正常观测记录中，那个噪声信号又一次出现了。在那之后的几天，也就是 1967 年 11 月底，贝尔在检查纸带时发现，那个特殊噪声信号居然是一系列的脉冲，而且间隔时间相等，为 1.33 秒。发现这一情况后，贝尔马上联系了正在剑桥大学教书的休伊什教授，但教授的第一反应是，这些信号一定是人为制造的。在当时来说，休伊什的反应是对的，但贝尔却想为什么它们不能来自遥远的宇宙呢？第二天当教授来到天文台时，那个脉冲又出现了。在仔细检查了纸带后发现，每次记录到的脉冲信号其脉冲周期只有 1.33 秒，这很像地球信号，但又保持着恒星时间，说明其只能来自天体。因此当时也有人戏称其为"小绿人"，即外星人发出的信号。

贝尔坚持己见，执意认为脉冲信号来自天体，最后终于发现了脉冲星。

（2）15岁女生发现新脉冲星

贝尔的故事后来有了继任者。

2009年美国西弗吉尼亚州的一个15岁高中生布洛克斯顿（Shay Bloxton），参加了一个脉冲星搜索合作实验室（The Pulsar Search Collaboratory，PSC）的项目。该项目由世界著名天文学家麦克劳林博士（Maura McLaughlin）和洛里默尔（Duncan Lorimer）领导，通过在线课程的方式，教授学生脉冲星和射电天文学知识。学生接受训练后，就可以获得绿岸射电望远镜（Green Bank Telescope，GBT）的观测数据。10月15日布洛克斯顿在处理望远镜数据时发现了一个可能是脉冲星的天体。在查阅信息后发现，目前并没有该天体的记录，这让她感到十分震惊和高兴，因为这有可能是一颗新脉冲星。一个月后她怀着无限憧憬前往美国国家天文台，与天文台的科学家们一起使用绿岸射电望远镜对该天体进行跟踪观测后，证实其确实是一个新的脉冲星。

看来脉冲星青睐女子天文学家！

图4　15岁高中生发现脉冲星

2 脉冲星认证过程

　　然而，贝尔进一步查找观测数据表明，这个脉冲信号的频率极其精确。接下来，贝尔和同事又发现了不同天区的另外 2 个周期各异的脉冲信号源，这排除了是外星人信号的可能，因为不可能有 3 个"小绿人"在不同方向、同时向地球发射不同的脉冲信号。接着，经过进一步观察后，他们分析发现，这个脉冲信号的频率精确得令人难以置信，其变化率约为 10^{-15}s/s，亦即几千万年内的时间变化大约 1 s，这是精准的氢原子钟精度。再经过射电望远镜的色散测量（不同的频率信号到达地球的时间不同），贝尔得出脉冲星距离地球大约是几万光年，这意味着脉冲信号源于银河系的天体。经过一番努力，贝尔和休伊什在英国《自然》杂志上发表了发现脉冲星的论文，并认为脉冲星可能就是物理学家预言的超级致密的中子星。这是一个意外的重大发现，消息很快轰动了国际科学界，为天文学和天体物理研究开辟了新的领域，而且对现代物理学的研究产生了深远影响。

（1）仪 器 效 应

　　从贝尔发现脉冲信号到证实其为脉冲星，这期间经历了一段漫长的过程。发现脉冲信号后，贝尔马上联系了导师休伊什教授，看到周期如此规则的脉冲信号，教授的第一反应是，这些信号一定是人为制造的。为了验证这一想法，贝尔和同事们查遍了伦敦当时所有的无线电发射频率，很快就排除了这种可能。他们还检查了设备，并没有发现产生周期信号的源头。

（2）确认其为天体信号

那么这个脉冲信号到底来自哪里呢？我们知道射电望远镜是一种高灵敏的仪器，任何细微的变化都可能对观测结果产生影响。望远镜的自身仪器效应也可能产生干扰信号。为了解决这个问题，贝尔将观测结果告诉了斯科特和柯林斯，他们用另外一台射电望远镜对同一天区进行了重复观测，也发现了这些脉冲信号。从而确认脉冲信号不是来自于仪器自身。

做完这些后，贝尔惊奇地发现，这个每隔 1.33 秒发射一个脉冲的精准时间的脉冲信号，真有可能来自于宇宙。贝尔意识到，这个脉冲信号在观测记录中是重复出现的，在仔细检查了所有纸带后发现，每次记录到的脉冲信号，都能准确地保持在恒星日（按时间推算，每次正好相隔 23 小时 56 分钟，和其他天体出没的周期相同）。我们都知道地球自转一周所用的时间是一天，即 24 小时。但这并不完全准确，一天即一个太阳日，即以地球为参考系，太阳运动一周所需的时间，但是实际上地球是在围绕太阳公转，因此太阳日要比地球实际自转周期长 3 分 56 秒。以地球为参考系，恒星也是在围绕地球作周期运动，而且周期正是地球的自转周期，即 23 小时 56 分 4 秒。因此从脉冲信号出现周期为一个恒星日可以推断，这个信号源一定在太空。

（3）小　绿　人

当确定这一事实后，约翰·皮尔金顿测量了该信号的色散，由测量结果显示信号源距离地球大约几万光年[①]，这个距离意味着脉冲信号源于在太阳系之外，但在银河系内部起源的天体。这一脉冲信号一定是外星人制造的——向地球发出的摩尔斯电码，这是当时人们下意识的反应，因此便有了"小绿人"的戏称。小绿

---

① 光年是天文学中的长度单位，是一年内光在真空中走过的距离，1 光年 =9.46×10^{15} 米，也就是 94600 万亿千米。

人是当时人们对外星人的一种称呼，在 20 世纪五六十年代，小绿人在地球上的活动非常频繁，世界各地时不时的便会有小绿人身影的报道，当然到现在为止，外星人到底存不存在，他们长什么样子，仍然是个谜，因此在发现了可能是外星生命制造的脉冲信号后，便被人们冠以小绿人的称呼。

那么我们真的发现外星生命了吗？我们都知道宇宙中的天体大致可以分为恒星、行星和卫星，以太阳系为例，太阳是恒星，地球是行星，月球是卫星。我们虽然不知道外星生命是一种怎样的存在，但是他们的生存环境也应该和地球差不多，生活在一个围绕着恒星公转的行星上。如果是轨道运动，那么此脉冲信号发射点有时远离地球，有时靠近地球，这就应该显示出多普勒频率移动。休伊什教授开始对脉冲周期进行精确测量以研究这个问题，数据显示只有地球围绕太阳公转。对脉冲信号进一步分析也发现，这些摩尔斯电码并不能传递什么信息，如果按照电脑二进制解码的话，就是 0101…。也就是说，小绿人的可能性已经微乎其微，因为外星人不可能向外界传递出这种傻瓜式的信号。

图 5　贝尔对于小绿人猜想的反驳

（4）脉冲星——中子星

与此同时，贝尔依然在进行常规的射电信号记录。1967 年的圣诞节前夜，贝尔拜访了休伊什教授，并参加了一个会议，讨论如何向外界公布这些结果。他们并不相信接收到的是来自另一个文明的信号，但是也没有办法证明这个信号是由天体辐射出来的，直到会议结束也没能解决这个问题。当天夜晚，贝尔回到实验室后做了更多的纸带分析，在实验室将要关闭前，贝尔在下中天（1133）的仙后座a发出的强烈、高度调制的信号中，发现了一些脉冲信号的痕迹。贝尔意识到这可能是另一个小绿人，接着她又将之前那部分天空的记录，重新分析了一遍，发现确实有脉冲信号的痕迹。几小时后，贝尔冒着寒冷的天气，星夜赶回天文台，运行望远镜对这片天区再次进行观测，严寒使望远镜只正常工作了5分钟。此时纸带上记录了一系列非常规整的脉冲，这个脉冲间隔为1.2秒。贝尔兴奋得在回家过圣诞节时还将纸带遗忘在了同事的桌子上。这次的发现解决了是否是外星文明的问题，因为不太可能两个小绿人选择相似的频率，并同时向地球发出信号。

　　在圣诞节期间，贝尔的同事许好心地帮她继续做观测，并把记录信号的纸带放在她的桌子上。假期一结束，贝尔便开始对纸带进行分析处理。很快地，在一个纸带上又发现了两个小绿人 CP 0834 和 CP 0950。为了查看是否有遗漏，贝尔又重新查阅了以前所有的纸带，总计有几千米长。又发现了几个候选体，但是没有像前面四个一样被确认。四个小绿人的发现使得外星文明的设想破灭，因为在宇宙中，这些天体相互之间距离达成百上千光年，相互之间毫无联系，而且它们与地球的距离同样非常遥远，当时接收到的信号其实是在几百甚至几千年前发出的。因此根本不可能有多个完全不相干的外星文明，同时向地球发出类似于时钟那样规律却又不包含任何信息的脉冲星信号。因为这些都是恒星世界里的目标，相互之间毫无联系，各自与我们相距成百上千光年，我们收到的是相应的几百年前、几千年前的信号。很难想象会有好几个各不相干的"地外文明制造者们"，在极其悬殊的地点和时间，整齐划一地向我们发出这种类似于时钟那样规律却又不含其他"智慧信息"的信号！这些小绿人最后被人们统一命名为脉冲星。

　　到底是怎样的天体才能辐射出如此精准、稳定、高频率的无线电脉冲信号呢？通过对恒星的认知，我们知道，辐射的脉冲周期稳定，说明脉冲星的质量很大，而且其脉冲周期小，说明脉冲星的自转快，半径小。通过牛顿万有引力定律的粗略计算，以 CP1919 为例，其物质密度大约为 8.1×10^{10} 克每立方厘米，也就是说其每立方厘米的物质重达八万多吨。如此超高的密度与当时已知的所有天体

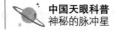
都不相符，就连密度最高的白矮星也只有 10^6 克每立方厘米。这预示着一个全新的天体被发现了！通过广泛查阅资料后发现，这个星体的性质和朗道他们提出的中子星一致。中子星的理论质量约为 1.4 个太阳质量，半径为 10 千米。至此脉冲星终于揭开了神秘的面纱，被认为是恒星演化末期形成的快速旋转中子星。

3　脉冲星命名方式

（1）脉冲星名称的由来

今天，纵观宇宙，天文学家已发现约3000颗脉冲星。然而，1054年的宋朝"客星"——像客人一样，来了又走了，不会停留。"客星"留下的蟹状脉冲星是唯一知道真实年龄的，这也是天文学家视为标准源的多波段辐射性质完整的样本。蟹状脉冲星已知的真实年龄可以约束中子星的各种参数，定量而准确地估计其发生的物理过程，这些性质是其他脉冲星所没有的。总之，中国古代天文学家对于人类认识宇宙作出了毋庸置疑的贡献。现在，我们已无法用肉眼看到蟹状脉冲星及其遗迹，只能借助于大型科学设备，诸如美国宇航局哈勃空间望远镜及中国"天眼"——500米口径球面射电望远镜（five-hundred-meter aperture spherical radio telescope，FAST）。

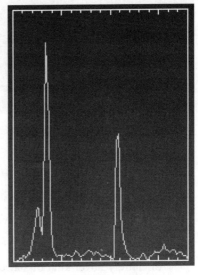

图 6　脉冲星信号示意图

蟹状脉冲星为什么能以 33 转每秒的转速高速旋转？如果地球以如此速度转动，其外壳早就飞离而去，并随之解体。脉冲星可以承受如此巨大的转动离心力，是因为其引力场超强。它相当于将一个太阳压缩到直径 20 km，万有引力大小正比于质量而反比于半径的平方，由此可想象其引力场有多强大。就地球而言，24 小时转动一周；而已发现的脉冲星最快转速可达 716 转每秒，即转一周只需要 1.39 毫秒，与地球相比完全不在一个数量级上，真可谓"天壤之别"。

那么，天文学家又是如何"看"到"脉冲"的呢？研究发现，脉冲星的射电信号来自强磁场的极冠区，当带电粒子流沿着这些开放磁力线运动时会产生辐射。像航海的灯塔一样，每当辐射束扫过地球，天文工作者便可记录到一个脉冲信号，其流量图类似于心电图——就像是脉动周期信号。其实，脉冲星并没有脉动，也没有震动，只是其极冠辐射随着转动周期性地扫过地球。因此，脉冲星不是"脉冲"的星，而是其自身旋转造成的视觉效果。其实脉冲星这个叫法并不是休伊什教授和贝尔他们首先提出的。pulsar（脉冲星）一词是"pulsating star（脉动变星）"的缩写，最早出现于 1968 年，是英国每日电讯报（The Daily Telegraph）的记者对休伊什进行采访后，根据其信号记录特征，赋予了它一个形象且易记的名称"脉冲星"，之后脉冲星的叫法就被沿用了下来。报道原文如下：

图 7　脉冲星辐射的灯塔模型

An entirely novel kind of star came to light on Aug. 6 last year and was referred to, by astronomers, as LGM（Little Green Men）. Now it is thought to be a novel type between a white dwarf and a neutron [star]. The name Pulsar is likely to be given to it. Dr. A. Hewish told me yesterday: "... I am sure that today every radio telescope is looking at the Pulsars." （去年 8 月 6 日，一颗全新的"恒星"浮出水面，被天文学家称为"小绿人"（LGM）。现在，它被认为是介于白矮星和中子（星）之间的一种新型恒星。休伊什教授昨天告诉我这颗星可能会被命名为脉冲星：……我确信今天的每一台射电望远镜都在看脉冲星。）

天体物理学家也给予其物理定义：脉冲星就是转动的中子星。那么，新的问题又接踵而至，其实只要仔细琢磨这句话的字面含义，就会有所疑虑：如何知道一个转动的星体一定是中子星？其物质全部由中子组成吗？目前理论学家还不能做出具体回答，但可以确定的是：中心天体是致密星体，其物质成分很可能包含中子，或许还包含夸克以及其他未知的核物质形态。由于在脉冲星早期的发现与认证过程中，天文学家和天体物理学家默契地认可了"脉冲星"和"中子星"的名称与真实含义，一般不会顾名思义地纠结其名称的准确定义。所以，为了排除公众的误解，我们不妨略施笔墨解释"脉冲星不是在脉冲"而"中子星也不一定全部由中子构成"。

（2）脉冲星的简写方式

为了方便记录，最初脉冲星命名的方式为发现的天文台的首字母缩写，加上脉冲星的赤经。例如，贝尔在 1967 年发现的第一颗脉冲星就被简写为 CP 1919，其中 CP 表示发现的剑桥天文台，即 Cambridge Pulssr 的简写，1919 为脉冲星位置的赤经，表示 19 时 19 分。随着更多的脉冲星被发现，这种字母代码就很难区分每一颗脉冲星，例如澳大利亚的 64 米帕克斯（Parkes）射电望远镜总计探测到 1000 多颗脉冲星，如果其中有两颗脉冲星赤经相同的话便无法进行区分。于是就出现了使用字母脉动无线电源（PSR）作为前缀的惯例，接着就是脉冲星的赤经和赤纬，例如 PSR 0531+21。随着测量精度的提升，有时还会精确到小数点后一位，例如 PSR 1913+16.7。如果两颗脉冲星距离很近的情况下，有时还会附加字母，例如 PSR 0021-72C 和 PSR 0021-72D。

现代惯例以 B 作为前缀的脉冲星，表示其坐标是在 1950—2000 年年间测量的数据，例如 PSR B1919+21。使用 2000 年以后测得的脉冲星坐标数据命名时，则使用 J 为前缀，例如 PSR J1921+2153。1993 年以前发现的脉冲星，我们在实际使用中更倾向使用他们的 B 名，例如 PSR J1921+2153 通常称为 PSR B1919+21。2000 年以后发现的脉冲星则只有 J 名，例如 PSR J0437-4715，它可以提供更精确的星空位置坐标。

（3）天球——赤经和赤纬

在地球上，当要告诉朋友我们身处何处时，一般会说明在哪座城市，哪个区，哪条街道，会以具体地点来说明我们的位置。那当我们要描述具体地点的位置时呢？例如北京，首先会想到在北方，然后呢？它在天津的旁边，那天津又在哪呢？这时就需要使用经度和纬度来描述了，例如北京经度为 116.46 度，纬度 39.92 度。

在天文学中，一般使用天球来描述天体在天空中的位置。它是一个以地球为中心的虚拟球体，所有天体都可以投射在上面。在任何时候，地球表面的观察者只能看到一半的天球，因为另一半位于地平线以下。尽管地球的自转不断地将天体的新区域带入视野，除非观测者位于赤道，否则天球中总会有隐藏的部分。

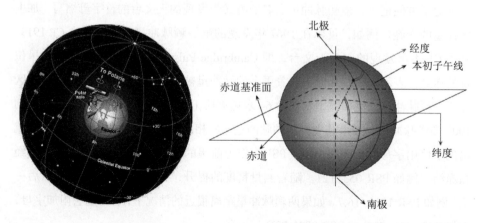

图 8　天球坐标示意图

由于地球在其轴线上的自转，天球似乎每天从东向西旋转，而恒星似乎在天空中的两个点周围沿着圆形轨迹运行。这两点标志着地球自转轴在天球上投影的交集，称为天极。直接在观测者头顶上的点称为天顶，在天球上将观测者的天顶与南北天极连接起来的线是天经线。

地球赤道在天球上的投影称为天体赤道。同样地，地球的经度（经度）和纬度（平行度）的坐标系可以投射在天球上，从而产生天体坐标。这是精确定位天体的首选坐标系。与水平坐标系不同，赤道坐标与观测者的位置和观测时间无关。这意味着每个对象只需要一组坐标，观察者可以在不同的位置和不同的时间使用这些相同的坐标。赤道坐标系基本上是我们在地球上使用的纬度和经度坐标系在天球上的投影。

通过直接类比，纬度线成为赤纬线（赤纬 Declination，简写为 Dec），以度数、弧分和弧秒为单位，并指示天体赤道的北面或南面（通过将地球赤道投影到天球上而定）有多远。经度线与赤经线相当（赤经 Right Ascension，简写为 RA），而经度是以格林尼治子午线的度数、分和秒为单位测量的，RA 是以天球赤道相交于黄道（春分点）的东部为单位，以小时、分、秒为单位进行测量。

乍一看，这个通过两个坐标唯一定位对象的系统看起来很容易实现和维护。然而，赤道坐标系与地球在空间中的方位有关，由于地轴的进动，地球的方位每隔 26000 年会发生一次变化。因此，需要在坐标上附加一条额外的信息——时代（时期）。例如，爱因斯坦十字（2237+0305）位于 RA=22h37m，Dec=03° 05'，使用的是 1950—2000 年的信息（B1950.0）。然而，在 2000 年以后的坐标下（J2000.0），这个物体位于 RA=22h37m，Dec=03° 21'。对象本身没有移动——只是坐标系位置发生了变化。

4 脉冲星距离估计

前面提到，贝尔发现的第一颗脉冲星 PSR B1919+21 距离地球达数万光年。那么脉冲星的距离是怎样测量的呢？脉冲星一般距地球很远，就算是离我们最近的脉冲星 PSR B1055-52，也达 294 光年，约为 2780 万亿千米。这么长的距离依靠地球上测量距离的方法是根本无法解决的。

在天文学中对于离地球较近的恒星，我们可以从它们的视差中测得距离，这是由于地球绕太阳的轨道运动而出现的每年明显的位置循环运动。当恒星离地球的距离大于 1 kpc^① 时，通常可以通过绝对亮度来推断恒星与地球之间的距离，因为恒星的绝对亮度通常可以从其光谱类型中获得。

对于脉冲星而言，一些较近的脉冲星，距离也可以类似地从视差的测量中得到，精度可与其他恒星的最佳光学测量相媲美，称为"三角视差法"。但是对于绝大多数较远的脉冲星来说，观测强度对距离测量的作用并不大，主要是由于与已知类型的可见恒星相比，脉冲星的本征亮度是一个变化很大的量。幸运的是，我们可以非常直接地测量电离星际介质中无线电波群速度的频散距离，这导致脉冲到达时间的频率相关延迟很容易测量到。这种延迟的大小与沿视线的电子的积分柱密度成正比。因此，对于遥远的脉冲星，我们可以通过测量脉冲星的色散（DM），来估计其距离。

---

① kpc 是天文学上的一种长度单位，千秒差距，等于 3260 光年。

（1）三角视差法测量脉冲星距离

测量宇宙中天体间的距离可不是一项简单的任务——不能简单地在两个天体间拉伸一个长卷尺，然后读出距离。相反，科学家已经开发了一些技术，使我们不需要离开太阳系，就能够测量恒星到地球的距离。三角视差法是天文学中获得距离的最佳途径，它不涉及物理学，完全依赖于几何学。

视差是由于观察者的观测点改变而引起的物体的明显位移。比如在生活中，在不同的位置看同一棵树时，会发现这棵树似乎是在周围背景中移动。对于视差，我们最有效的感受就是，首先将手伸出放在眼前，然后闭上左眼，接着再闭上右眼，在这个过程中，我们会发现手在背景中的位置发生了改变。天文学中的三角视差法正是利用了同样的原理。众所周知，地球绕着太阳公转，周期为一年（365天），因此，在地球上不同时间观察同一颗恒星，就相当于在不同的位置观察这颗恒星。如图9所示，由于视差的原因，我们观测到的恒星在背景中的位置不断发生变化，每年一循环，而且可以看出每隔6个月时的恒星位置变化最大。因此天文学家在测量恒星位置时，先测量一次位置，等6个月后在位置变化最明显时再测量一次。恒星的明显运动称为视差。

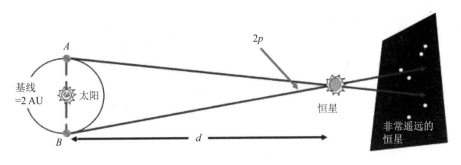

图 9　三角视差测量示意图

如图9所示，虽然我们不知道恒星到地球的距离，无法测量出恒星在背景下的横向变化，但是却可以测量出两次观测所形成的视差角度。由于恒星的距离远大于地球公转的直径，因此图9的三角形一般被认为是等腰三角形。根据三角形原理，在已知视差角的情况下（以 p 表示），只需要得到边 AB 的长度，便能得到恒星到地球的距离了，AB 称为基线（以 $2l$ 表示）。因此地球到恒星的距离可以表示为：$d=l/p$。

需要注意的是，在这个例子中，我们假设太阳和恒星都不是以横向速度相互运动的。如果它们是这样的话，就会使这里所呈现的情况复杂化。在实践中，具有显著的适当运动的恒星至少需要三个观测时期才能准确地将它们的固有运动与视差分开。作为双星成员的恒星的情况更加复杂。

为了测量恒星的距离，天文学家使用地球与太阳间的平均距离作为基线，并定义其为一个天文单位，简写为 AU（1 AU = 1.5 亿千米）。测量到的视差角以弧秒为单位。弧秒是一个很小的角度（1°（度）= 60′（角分）= 3600″（角秒或弧秒））。这相当于把一个长 0.48 毫米的物体在 100 米远处时，观察到其横向移动了 0.432 毫米。

如果我们把一个 AU 的基线除以一个弧秒的切线（即视差角），会达到 30.9 万亿千米，或 3.26 光年。这种距离单位称为秒差距，简写为 pc。距离和视差之间存在着一种倒数关系。例如，一颗视差为半弧秒的恒星的距离为 2 pc，而视差为 0.1 弧秒的恒星的距离为 10 秒差距。地球上唯一的视差大于 1 弧秒的恒星是太阳，所

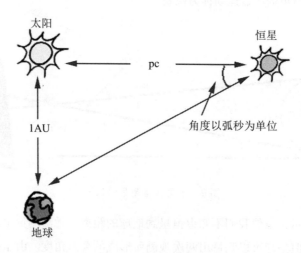

图 10　天文距离定义

有其他已知恒星的距离都大于 1 秒差距，即视差角小于 1 弧秒。在测量恒星的视差时，重要的是要考虑恒星本身的运动，以及任何一颗"固定"恒星的视差作为参考。

目前已知的第一次用视差进行的天文测量发生在公元前 189 年。当时，希腊天文学家希帕丘斯（Hipparchus）利用两个不同地点的日食观测到月球的距离。希帕丘斯指出，当年 3 月 14 日，土耳其海勒斯庞特（Hellespont）发生了一次日全食，而在埃及亚历山大 (Alexandria) 更远的地方，月亮只覆盖了太阳的 4/5。他知道海勒斯庞特和亚历山大之间的距离——纬度 9 度或约 965 千米，以及月球边缘与太阳的角位移（约十分之一度），他计算出地球与月球的距离约为 56 万千米，这比真实值大了约 50%。这主要是由于他假设月亮就在头顶上，因此误判了海勒斯庞特和亚历山大之间的角度差异。

1672 年，意大利天文学家卡西尼（Giovanni Cassini）和他的同事里（Jean Richer）对火星进行了观测，卡西尼在巴黎和法属圭亚那计算了视差，确定了火星离地球的距离。这使得估计太阳系尺寸成为了可能。

第一个使用视差测量恒星距离的人是贝塞尔（Friedrich Wilheim Bessel），他在 1838 年测量了 61 天鹅座（Cygni）的视差角为 0.28 弧秒，它的距离为 3.57 pc。最近的一颗恒星是比邻星半人马座，其视差角度为 0.77 弧秒，距离为 1.30 pc。

在 1989 年至 1993 年的 4 年时间里，希帕科斯空间天体测量任务以 0.002 弧秒的精度测量了近 12 万颗恒星的三角视差。到现在为止，天文学家已经用三角视差法测量了 70 多颗脉冲星的距离。

为什么三角视差法只能测量 1 kpc 内恒星的距离呢？原来由于地球大气层的影响，小于 0.01 弧秒的视差角很难在地球上测量。这就限制了以地球为基础的望远镜测量距恒星约 1/0.01 或百倍远的距离。空间望远镜的精度可达到 0.001，这就增加了可以用这种方法测量距离的恒星数量。然而，即使在我们自己的星系中，大多数恒星的距离也远超过 1 kpc，因为银河系的直径约为 30 kpc。

（2）光 的 色 散

众所周知，太阳光是一种复合光，由红、橙、黄、绿、蓝、靛、紫七色光组成。如果将一束太阳光穿过三棱镜，如图11所示，光会被棱镜分为七色光。这是由于当光由空气进入棱镜时，会发生折射，各种光的偏折程度不一样，因此在离开棱镜时不同颜色的光便会分开。材料的折射率随入射光频率的增大而增大的性质，称为色散。色散现象在自然界中是非常常见的，例如，雨后经常可以见到的彩虹，就是由无数水滴造成的色散现象。

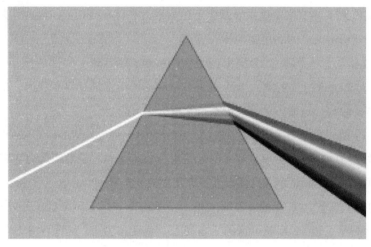

图 11　三棱镜分光示意图

在光学中，色散是指波的相位速度取决于其频率的现象。具有这种共同性质的介质可称为色散介质。有时用色散这个词来表示特异性。虽然这个术语在光学领域用来描述光和其他电磁波，但同样意义上的色散可以适用于任何类型的波运动，例如声波和地震波的重力波（海浪），以及沿传输线（如同轴电缆）或光纤的信号。

（3）脉冲星色散测距

脉冲星是正在旋转的中子星，它们发出脉冲的间隔非常规则，从毫秒到秒不等。随着观测精度的不断提高，天文学家们发现，每个脉冲星辐射的脉冲信号的频率并不是单一的，而是一段频率范围内的信号。由于星际介质色散的影响，不同频率的无线电波的传播速度不同，高频传播得比低频快，因此到达射电望远镜的时间有延迟，这种现象称为脉冲星色散。图 12 是一张实际观测中脉冲信号到达时间与频率的关系图，图中显示了不同频率的信号接收的时间不同。

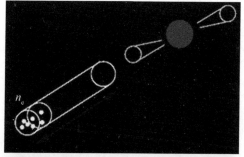

在脉冲星天文学中，脉冲星的色散测量（DM）是一个方便的量，当脉冲星在有限的带宽上被观测到时，它表现为对另一个尖锐脉冲的展宽。从技术上讲，DM 是"观察者和脉冲星之间自由电子的集成柱密度"。也许更容易考虑色散测量，它代表了我们和脉冲星之间的自由电子数量单位面积。因此，如果能建造一个长管，横截面面积 1 平方厘米，从地球延伸到脉冲星，DM 将与长管内自由电子的数量成正比。

由于无线电波是一种非常低频的光 / 电磁辐射（即光子），它们只不过是一个振荡的电场和磁场。在

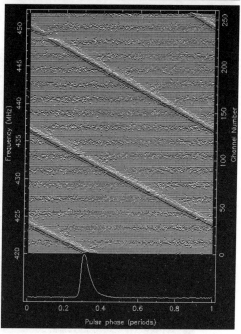

图 12　脉冲星不同波段色散示意图

带电粒子如质子和电子的存在下，光和带电粒子之间的静电相互作用导致光的传播延迟，延迟是射频和带电粒子质量的函数。更多的高能光子倾向于通过自由电子而对它们的速度几乎没有影响，而低频光子则更明显的延迟。类似地，电子对通过的光的反应比质子要大得多，因为它们的质量要低得多，这会导致光传播时间的更大延迟。延迟与带电粒子的质量成反比。因此，色散的数量主要由电子控制，电子的重量几乎是质子的 2000 倍。天文学家常常认为自由电子含量是造成色散的主要原因。

色散测量可以与银河系自由电子密度模型结合使用，作为距离指示器。色散测量常被用在 pc/cm^3 这一相当奇特的单位中，这使得确定脉冲星的距离变得更容易。通过了解每立方厘米的平均电子数量之后，可以由色散测量 DM 计算出脉冲星与脉冲星的距离（L）。

例如：双脉冲星 PSR J0434-715 从脉冲星定时确定的视差距离为 156 pc。色散为 2.643 pc/cm^3，则地球和脉冲星之间的平均电子密度为

$$n_e=DM/D=2.643/156 \ e/cm^3=0.017 \ e/cm^3$$

图 13　脉冲星信号不同波段信号到达地球示意图

（4）银河系电子密度模型

林恩等（1985年）建立了电子分布的样本模型。"LMT"模型将整个薄圆盘（除了一个HII区域外）聚集成一个圆盘分量，其尺度高度为70 pc，平面上的密度（即 z=0 kpc）随着距星系中心的距离 R 的减小而减小。它还包括一个更扩展的磁盘，其刻度高度为1 kpc。分别对古姆星云进行处理。这个模型是泰勒和科德斯（1993年）进一步发展的，区分了一个单独的螺旋臂部件，许多已发表的脉冲星距离都是从它们的模型推导出来的。戈麦斯等（2001年）利用最近的数据改进了这一模型，表明平滑的分布很好地解释了脉冲星的距离。

随后，科德斯和拉齐奥（2002年）建立了一个更精细的模型，其中包括一些离散的电离云和一些靠近太阳的电子密度的大扰动。距太阳约1 kpc范围内脉冲星的视差测量结果显示密度值低（除了古姆星云的方向），这是由于集中在太阳上的局部热气体泡造成的。这个区域和其他低密度区域被纳入到模型中。

2016年，新疆天文台博士研究生姚菊枚等重新构建了银河系电子密度模型，并简称为YMW16。YMW16是银河系（Gal）、麦哲伦云（MC）和星系间介质（IGM）中自由电子分布的一个模型，可用于根据实际或模拟的脉冲星和快速射电（FRB）的色散测量来估计距离。该模型以189个脉冲星为基础，这些脉冲星具有独立的距离和色散量，

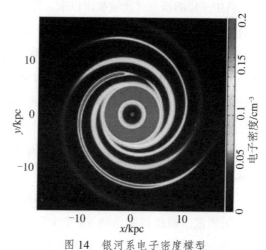

图14　银河系电子密度模型

而MC和IGM中的电子密度则采用更简单的模型。据估计，95%的预测星系脉冲星距离的相对误差将小于90%。模型估算了银河系星际介质、麦哲伦云、星系间介质和FRB宿主星系中的脉冲展宽。YMW16也是第一个估算星系外脉冲星距离和FRB距离的电子密度模型。

5 脉冲星的质量和密度

（1）脉冲星的质量和密度

自中子星的概念首次被提出以来，其特殊的性质一直是理论研究的热门问题。特别是贝尔于 1967 年首次发现脉冲星以后，脉冲星被认为是快速旋转的中子星，人们首次将此类特殊的星体从理论和观测上直接联系起来。天文学家认为，脉冲星是大质量恒星（8~25 倍太阳质量）演化到末期经过超新星爆发形成的一类极端致密的星体，依靠中子简并压或核力来平衡自身引力，质量约 1.4 个太阳质量，半径约在 15 千米，物质密度极高（大于 10^{14} 克 / 立方厘米），相当于把整个太阳压缩到北京市区的范围，其中拇指大小的脉冲星物质，就与当今人类的总人口的质量相当。

根据脉冲星的诞生理论，脉冲星的质量一般为 1.4 个太阳质量，至少为 0.1 个太阳质量，最高可能达到 3.2 个太阳质量。目前总共发现 3000 多颗脉冲星，有 80 颗脉冲星已测得质量。其中质量最大和最小的脉冲星分别是：J1748-2021B（（ 2.74 ± 0.22 ）个太阳质量，± 0.22 为测量质量误差）和 2A 1822-371（（ 0.97 ± 0.24 ）个太阳质量）。

脉冲星的平均密度为 3.7×10^{14}~5.9×10^{14} 克每立方厘米，是太阳密度的

$2.6 \times 10^{14} \sim 4.1 \times 10^{14}$ 倍，与原子核的密度相似（大约 2×10^{14} 克每立方厘米）。脉冲星的密度在地壳中约为 1×10^5 克每立方厘米，随着深度的增加而增加，到较深的 6×10^{14} 克每立方厘米或 8×10^{14} 克每立方厘米（比原子核密度大）。一茶匙（5毫升）的脉冲星物质的重量将超过 5.5×10^{12} 千克，大约是吉萨大金字塔的 900 倍。在脉冲星的巨大引力场中，其重量为 1.1×10^{25} 牛顿，约为月球重量的 15 倍。

地球总人口

图 15　地球总人口相当于大拇指大小的中子星物质

（2）脉冲星——中子星质量的现状

质量是中子星的一个重要参数，是研究其前身星的星体演化、致密星体核物质组成、星体的态方程，以及引力场强度的重要途径。由于中子星质量的测量通常依赖于双星系统，因而质量的测量在揭示双星演化方面也有重要意义。

首次对中子星质量的精确测量是在双星系统 PSR B1913+16 中实现的。据统计，已在 63 对双星系统中得到了 72 颗中子星的测量质量（目前已经测量大约 80 颗中子星质量），这包括 9 对双中子星系统（DNS），32 对中子星白矮星系统（NSWD），4 对中子星主序星系统（NSMS），11 对高质量 X 射线双星系统，5对低质量 X 射线双星系统，2 对 X 射线系（XB）。这 63 对脉冲星的平均质量为

（1.46±0.3）个太阳质量。对于高速旋转的脉冲星而言，毫秒脉冲星的平均质量为（1.57±0.35）个太阳质量，而高于 20 毫秒的再生脉冲星的平均质量为（1.37±0.23）个太阳质量。这说明常规脉冲星演化为毫秒脉冲星需要物质质量约 0.2 个太阳质量。对于 18 颗双中子星，它们的平均质量为（1.32±0.14）个太阳质量，低于再生脉冲星的质量，这暗示着双中子星系统的演化历史应该不同于其他双星系统的脉冲星演化。

6　那些错失脉冲星发现的故事

图 16　脉冲星发现的那些故事

（1）最愚蠢的一脚——被 X 先生踢飞的诺贝尔奖

自 1967 年贝尔首次发现射电脉冲星，这一拥有太阳质量而半径大约 10 千米的致密星体以来，50 年来人们回顾往事，挖掘出了错失发现第一颗脉冲星的奇特事件。

当发现第一颗脉冲星这一革命性的消息传遍全世界时，各地的天文学家对此充满着兴趣和兴奋，同时世界上的射电望远镜也都将目标对准脉冲星。在这充满愉悦的氛围中，有一位天文学家却是满心凄苦，不知与何人诉说。直到有一天，他再也不能忍受了，便匿名向贝尔写了一封信来阐述内心的懊悔。原来，在贝尔

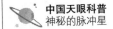

发现脉冲星之前，这位天文学家在使用射电望远镜观测猎户座时，他已发现记录的信号中有一些微弱的波浪形的信号。此时他的第一反应是，一定是仪器问题产生的干扰信号，接着，便把记录仪踢了一脚，然后干扰便消失了。当贝尔发现脉冲星的消息传来后，他才意识到，自己那愚蠢的一脚，踢走了一个科学家最大的梦想——诺贝尔奖。不久后天文学家就在猎户座发现了一颗脉冲星。这位天文学家为自己的愚蠢一脚而终生懊悔。

（2）美国军用雷达曾接收到脉冲星信号

美国空军雷达早在 1967 年就监测到太空无线电脉冲信号，然而由于缺少天文学与物理学知识，他们误以为这一奇特信号是苏联的无线电密码，遗憾地与脉冲星这一世纪发现失之交臂。故事要从一位美国空军雷达专家查尔斯·希斯勒的经历说起，他或许是第一个发现和记录脉冲星的人。

1967 年，希斯勒被派往阿拉斯加州的空军基地，负责使用当时世界上最先进的雷达，预警监测来自苏联的弹道导弹和无线电通信。然而，一系列不寻常的雷达信号吸引了他的注意，这些微弱的信号在屏幕上显示出周期性的闪烁。就他的监测任务而言，这些信号没有任何意义，但他认为这是不寻常的信号。怀着好奇心，希斯勒记下了信号，并准备在第二天继续寻找。它如期出现了，但是出现的时间比昨日提前了 4 分钟。第三天的监测表明，这一快速脉动的信号，周期不变，但是每天的出现时间均比前一天早 4 分钟。

希斯勒具备一些天文学知识，他知道星星闯入地球视线的时间每天有 4 分钟的提前量，这是因为地球围绕太阳轨道运动造成的位置移动。那么，他想知道这个信号来自哪里？希斯勒请教了具有天文学背景的同事，讨论了这一发现。在天图上，他们发现周期雷达信号来自位于蟹状星云的中心，那里是一颗超新星爆发的遗迹。众所周知，这是金牛座星的超新星在 1054 年爆发后的遗迹，此天象被我国宋朝天文学家记录下来，被认为是"客星"。由于希斯勒的任务是军方的高度机密，其使用的雷达设备也是涉密的，因此他所观察到的现象一直不被外界所知，直到其工作内容到了解禁时间后，他才将他的记录公之于众。

1968 年，天文学家在蟹状星云观测到一颗转动周期为 33 毫秒的脉冲星，而这一发现在广播电台播发。希斯勒听到这一讯息后大吃一惊，他早在 1967 年已经监测到这一信号，只可惜他的记录是国家机密，让他错失了发现脉冲星的殊荣。

当贝尔听说这一故事后，她表现出既幸运又感慨的心情。贝尔认为，天文学发现一个奇异信号是第一步，而重要的第二步是要认证其信号来自什么星体。第一步需要运气，而第二步需要多种学科知识的推理判断。显然，希斯勒欠缺第二步，假如不是因为涉密，或许他有机会走出第二步并发现第一颗脉冲星。看来，运气与知识兼备才是发现的必要条件。

（3）安德鲁·林恩——摇摆舞

虽然脉冲星不是外星人发射的信号，但是人们依然对外星人兴趣十足。人们认为，如果有外星人的话，他们应该生活在一颗行星上。于是，寻找太阳系以外的行星的工作从来就没有停止过，许多人在这条道路上艰难地向前摸索着，他们被称为猎星人。第一个发现太阳系以外行星的并不是这些猎星人，而是一位研究脉冲星的科学家。

英国曼彻斯特大学教授安德鲁·林恩是全球发现脉冲星最多的人。林恩发现了一类奇怪的脉冲星，其脉冲总是会早到或

图 17　英国天文学家安德鲁·林恩

晚到地球几毫秒，这种情况每半年就出现一次，仿佛是脉冲星一会儿朝着我们而来，一会儿又离开我们而去，又好像是在跳摇摆舞。他把自己的这一发现发表在了著名的科学杂志《自然》上面，结果立即震惊了学术界。真是令人难以置信，

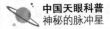
林恩在偶然间发现了脉冲星被行星引力牵引着跳摇摆舞，这种摇摆的证据表明，在这颗脉冲星的周围，一定有行星围绕着它运行。这个发现让那些猎星人极感兴趣。

就在安德鲁·林恩即将在美国天文学年会上发言的前夕，为了充分准备研究资料，他开始重新检查并修正有关数据，但是这个时候，他却突然发现自己犯了一个错误：他所发现的"摇摆"，其实只是地球自身在环绕太阳运行过程中所产生的"摇摆"。由于计算机出错，先前未能考虑到这一因素，所以才出现了脉冲星"摇摆"的错误结论。林恩一下子呆了，他开始为自己的愚蠢后悔不已，最后，他终于作出了痛苦的选择，必须公开承认这一重大失误。

在美国天文学年会上，面对500位正期待着与他分享成功喜悦的同行们，林恩承认了失误，他说："很不幸，这是一个错误。"但是，让他没有料到的是，500位听众竟然全体起立，为林恩的诚实热烈鼓掌。科学家更加欣赏有价值的失败，及其面对失败的诚实。

不久之后，美籍波兰天文学家沃尔兹坎和法里尔使用阿雷西博300米口径射电望远镜发现了第一个脉冲星行星系统，这也是人类在太阳系外发现的第一颗行星。

7 脉冲星与诺贝尔奖的恩怨情仇

脉冲星导致的分离与相遇

1974 年，休伊什因发现脉冲星而获得诺贝尔物理学奖，然而真正的发现人贝尔没有获得。

图 18 休伊什和贝尔与诺贝尔奖

戏剧性的科学发现只是故事的开头，随之而来的是脉冲星发现者的荣誉归属争议，举世成就与诺贝尔奖委员会的是非恩怨竟然成为世界舆论的焦点话题。

1974 年的诺贝尔物理学奖桂冠只戴在导师休伊什的头上,完全忽略了他的学生贝尔的贡献,舆论一片哗然。英国著名天文学家霍伊尔爵士(Sir Fred Hoyle)在伦敦《泰晤士报》发表谈话,他认为,贝尔应同休伊什共享诺贝尔奖,并对诺贝尔奖委员会授奖前的调查工作欠周密提出了批评,甚至认为这是诺贝尔奖历史上的一桩丑闻、性别歧视案。英国焦德雷班克(Jodrell Bank)射电天文台的天文学家史密斯(F. G. Smith)指出,脉冲星是贝尔发现的,但休伊什在这一发现过程中发挥了重要作用。著名天文学家曼彻斯特(R. N. Manchester)和泰勒(J. H. Taylor)所著《脉冲星》一书的扉页上写道:"献给乔瑟林·贝尔,没有她的聪明和执着,我们不能获得脉冲星的喜悦"。半个世纪过去了,回首往事,作为导师的休伊什获得了诺贝尔奖,无可厚非,但贝尔失去殊荣,却令人感到惋惜。如果没有贝尔对"干扰"信号一丝不苟的追究,很可能错过脉冲星的发现。

近年,贝尔教授访问中国科学院国家天文台期间,我们多次与她谈起脉冲星的发现经历和她对诺贝尔奖的看法。她说,脉冲星发现后不久,自己由于种种原因被迫离开了剑桥大学,而且当时普遍存在导师忽视学生科学贡献的倾向,尤其是女学生的。1974 年正值休伊什教授获得诺贝尔奖的时候,美国天文学家泰勒和赫尔斯利用阿雷西博 305 米射电望远镜发现了第一个脉冲星双星系统 PSR B1913+16,当时赫尔斯还是泰勒的学生。1993 年,他们因发现脉冲星双星验证引力波而获诺贝尔奖时,这次诺贝尔奖委员会非常慎重,邀请贝尔参加了颁奖仪式,算是一种补偿吧。

离开剑桥大学后,贝尔和休伊什没有再合作,他们俩不约而同地远离了脉冲星这个"是非"研究领域。直到若干年后,他们才在一次国际会议上相见,并握手言和。在 2007 年纪念脉冲星发现 40 年的国际会议上,他们一起出席会议,在大会开幕式上,与会者全体起立鼓掌向贝尔致敬。虽然错失诺贝尔物理学奖,但她荣获了多项世界级科学奖、诸多奖章和头衔,并被学术界尊称为"脉冲星之母"。她至今依然繁忙,担任各种社会公职,俨然英国的科学大使。她曾担任英国皇家物理学会会长、英国皇家天文学会会长,被英国伊丽莎白女王授予"女爵士"头衔,2014 年起担任爱丁堡皇家学会会长。贝尔女士多次来华访问,一直关注中国天眼 500 米口径射电望远镜的建设,并给予了专业的指导意见。

8 宋朝"客星"与脉冲星

（1）宋代的"客星"天机

图19 中国古代天文学家观测示意图

仰望星空，浩瀚宇宙繁星闪烁、熠熠生辉，银河系如同瀑布落九天，唤起人们无限的追思与遐想。回溯往昔，诗人屈原感发"天问"而求索，李白将"月光"比拟为地上霜。天文学与天体物理学家们历经几世纪的接力研究，诗人与贤哲关于天空的迷思渐显端倪：广袤宇宙的星星就如同地球围绕的太阳，它们大多是依靠核燃烧维持发光的恒星。于是，一系列疑问随之产生：这些燃烧的恒星不可能永恒发光发热、它们必有终点，那么恒星是如何终结的？恒星终结后的产物又是什么？恒星终结那一刻是什么样子？人类永恒的疑问可否探寻究竟？中国"天眼"FAST 或许可以释疑，其科学目标——脉冲星将如何与上述谜团纠缠在一起。

为解惑释疑，让我们先搭上时光快车，穿越至 1000 年前的宋代，梳理整合，找寻脉冲星与中国关系的踪迹，揭示一个开启新时代的"天机"。遥望宋代：从活字印刷术的发明到火药、指南针的出现；从土木工程、冶金、航海领域的众多发明，到沈括、苏颂等通才科学家的大批涌现——无不证明宋代是令中国人无比骄傲的时代。

那是个中国科技领先世界的时代，那是西方人向往的东方"天堂"的时代。陈寅恪曾说："华夏民族之文化，历数千载之演进，造极于赵宋之世，后渐衰微，终必复振。"李约瑟（Joseph Needham）更是一针见血地指出："每当人们研究中国文献中科学史或技术史的任何特定问题时，总会发现宋代是关键所在。不管在应用科学方面或在纯粹科学方面，皆是如此"。不容否认，宋代中国人是具有创造性的，宋代更是启蒙世界文明的伟大时代。

1054 年 7 月 4 日，即宋仁宗至和元年五月二十六日，星空突降"客星"，遭遇了一次千载难逢的重大"天象"。金牛座的天关星附近突然闯进一个"客星"，异常明亮——这就是后来天文学家所定义的蟹状星云超新星。"客星"是中国古代天文学家（钦天监）对彗星、新星或超新星的统称，意寓此类天体如客人一样偶尔出现于天空常见的星辰之间。经天文学家测定，这次爆发距地球 6500 光年，属于一次大质量恒星演化到晚期的剧烈死亡事件。经历超新星爆炸后，其残留物留下一片横行的蟹状星云，位于金牛座这个北半球冬季夜空耀目的星座。在皇权天授的封建迷信时代，"客星"代表祥瑞还是灾祸，这是普通人不可泄露的天机，观天占卜、预测吉凶是天文学家和天象学家的神圣祭祀职责，然而此神奇"客星"千古未闻。可以想见，当时满朝文武、上下官吏、皇家庶民均为此惊慌失措、惶恐不安、辗转反侧。万分幸运，这颗"客星"可谓千古吉祥，宋朝进入人类文明的新时代，迎来科技发展、经济富足、文化繁荣、人心平和。

1054 年，金牛座突然闯入"客星"一事，经天文历史学家证实，除了中国天文学家的详细记录外，世界各国也有与之相关的记载存世：印度、阿拉伯、日本和朝鲜的古天文学家都曾记录了这次星象。而居住在美国亚利桑那州的印第安土著，根据艺术想象，将所见天象绘成两幅图像，这两幅图分别位于怀特梅萨（White Mesa）和纳瓦霍峡谷（Navajo Canyon）的岩壁上。据说当时欧洲

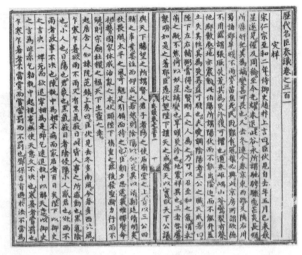

图 20　宋朝关于"客星"的记录

的教士也看到了这次奇异的天象，但是当时欧洲的天文学家尚在中世纪的宗教管制下，对此天文事件虽有少量记录，却毁于阿尔卑斯山的修道院中。唯有中国宋朝天文学者和历史学家们，确凿翔实、精细描述，这才留给世界留下一个完整而精美的天文学记录。可以说，其记录本身就像 1054 年超新星大爆发一样，令人叹为观止。由此可以推论，中国文化自信的重要源泉之一在于宋朝科技成就的历史传承。这便是著名的 1054 年的超新星爆发。

　　根据中国宋代古籍记载：此客星有尖尖的光辉，并带着微红白的颜色，在这颗超新星爆发阶段，人们白天可以见到的时间长达 23 天，在夜晚可见的时间则持续了 1 年 10 个月之久（642 天）。如《宋会要》中记载："嘉佑元年三月，司天监言：客星没，客去之兆也。初，至和元年五月，晨出东方，守天关。昼如太白，芒角四出，色赤白，凡见二十三日。"这些文字为超新星形成与演化研究留下了唯一可靠的证据。后世的天文学家做过如下推论：如果这颗超新星在距地球 50 光年的附近爆发，那么地球上所有的生命都将被其高能粒子射线所毁灭。由此，天文学家进一步猜想：6500 万年前的恐龙大灭绝事件或许与一次近距离超新星爆发有关？此外，太阳系处于银河系边缘地带，这里的各种天体爆发和高能粒子辐射不及银河系中心的黑洞附近剧烈，所以地球生命得以存活并延续。

（2）"蟹状星云"名字的由来

欧洲·修道院　　印度　　阿拉伯　中国·宋朝　　日本　　朝鲜　印第安土著·壁画

图 21　世界各国关于"蟹状星云"记录

随着时间的流逝，"客星"的记忆已经被人们尘封于历史史料中。直到六七百年之后，当望远镜被发明后，人们使用望远镜再次发现它时，它已经暗淡得无法再用肉眼去观察其细节部分了。英国医生、天文学爱好者约翰·贝维斯（John Bevis）于 1731 年发现天空中有一团类似于云状的物体，并把它添加到自己的"星图"中，直到法国天文学家查尔斯·梅西耶独立观察它 27 年后，才证实，这团星云是恒星的遗骸。查尔斯·梅西耶是一个痴迷的彗星猎手，但是由于当时望远镜的灵敏度有限，致使观测不是很清晰，这团朦胧的星云一直点缀在夜空中，令人无限遐想。1771 年，梅西耶将此星云加入到自己的"梅西耶星团星云表"中并名列榜首，代号为 M1。在时隔近一个世纪后，罗斯爵士（Lord Rosse）又观测到该星云，在对其进行了长达十年的观测研究之后，发现它和彗星不同，随着时间的推移它不会在空中移动，这是完全不同于彗星的性质。向天空望去，它的丝状结构看起来很像甲壳类生物的脚，因此 1850 年罗斯爵士将此星云命名为"蟹状星云"。在罗斯爵士观测研究之后，天文学家们仍然因为这奇异天体的神秘而持续地研究着蟹状星云。1892 年，美国天文学家罗伯兹在 0.5 米望远镜上拍下了蟹状星云的第一张照片，如图 22，30 年后天文学家在对比蟹状星云以往的照片时，发现它在不断扩张，速度高达 1100 千米每秒，于是人们便对蟹状星云的起源产生了兴趣。事实证明对蟹状星云的研究占了当代天文学研究的很大比重，也得到了相当比重的研究成果。1942 年，荷兰天文学家奥尔特以其令人信服的论证，确认蟹状星云就是诞生于 1054 年那次壮观的超新星爆发后形成的。自此之后，世界各地的天文学爱好者总是情不自禁地将望远镜指向金牛座，一次次向宋朝的天文学家致敬。当贝尔发现第一颗脉冲星之后，人们都在思考脉冲星到底是一种什么样的天体，是如何诞生的。直到 1968 年美国天文学家在蟹状星云中发现了一颗脉冲星（PSR B0531+21），这证实了脉冲星诞生于超新星爆发，至此天文学家终于弄清楚了脉冲星的来源。

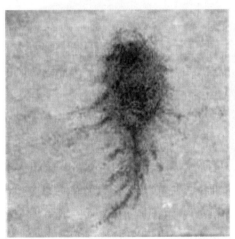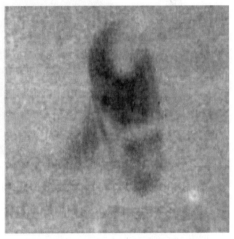

图 22　1892 年美国天文学家罗伯兹用望远镜拍到蟹状星云的第一张照片

9　脉冲星与超新星爆发

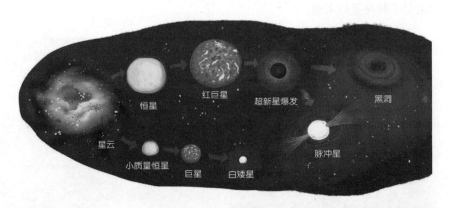

星云　　小质量恒星　　恒星　　巨星　　红巨星　　白矮星　　超新星爆发　　脉冲星　　黑洞

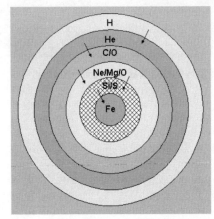

图 23　各种恒星演化示意图与恒星内部结构图

（1）超新星爆发

超新星（Supernovae 或 Supernova，SN）是在恒星生命的最后一个演化阶段发生的短暂天文事件，其毁灭以最后一次巨大爆炸为标志。这会导致一颗"新"而明亮的星突然出现，然后在几周、几个月或几年后慢慢消失。

超新星比新星更有活力。在拉丁语中，新星是"新的"的意思，在天文学上指的似乎是一颗临时的新的明亮的恒星。加上前缀"超级"可以区分超新星和普通新星，后者的亮度要低得多。超新星这个词是由巴德（Baade）和兹维奇（Zwicky）在 1931 年首次提出的，用以描述极端强的新星的物理特征。

超新星爆发是极其罕见的天象，是最激烈、最壮观的天体物理现象之一。在过去的上千年中，人类用眼睛直接看到的银河系内超新星爆发事件仅有三次，直到近代望远镜被发明后，观测到的爆发事件才多了起来。

1604 年的蛇夫座（Ophiuchus）——开普勒超新星（SN1604）是人类最近一次直接观测到的银河系内超新星爆发事件，它是距离地球最近的一次超新星爆发，距离地球仅有 6 kpc，约 2000 光年。根据记录显示，开普勒超新星在峰值时比夜空中的任何一颗恒星都亮，在白天可见的时间长达 20 余天。天文学家通过对超新星的统计研究后发现，银河系中每一个世纪大约有三次超新星爆发事件出现，而且每颗超新星都几乎可以用现代天文望远镜观测到。

超新星爆发时，其亮度将在几天之内增加为之前的几千万倍到几亿倍。外壳物质将以高达 30000 千米每秒的速度从恒星中脱离出去。这推动了膨胀和快速移动的激波进入周围的星际介质，并反过来扫去膨胀的气体和尘埃外壳，这是观察到的超新星遗迹，就像蟹状星云，而恒星核心却迅速坍缩，由恒星质量决定它的归宿是中子星还是黑洞。此外，超新星不断膨胀的冲击波可以触发新恒星的形成。超新星残留物有望加速一大部分银河系初级宇宙射线的形成，但宇宙射线产生的直接证据只有在宇宙射线中才能找到，到目前为止，只有几个。它们也是潜在的强大的引力波的星系源。

目前的理论研究表明，超新星爆发主要有两种触发机制，分别是简并星的核聚变突然重燃或大质量恒星核心的突然引力崩溃。第一种类型，存在于双星系统中，白矮星从伴星吸积物质，当其质量超过钱德拉塞卡极限（约1.44个太阳质量）时，其核心温度将提高到足以点燃核聚变，从而导致白矮星坍缩超新星爆发。第二种类型，是大质量恒星的直接演化，在演化末期，当其耗尽自身的核燃料，由于受重力牵引的作用，失去热辐射压力支撑的外围物质，将会发生物质回落现象，造成坍缩，最后超新星爆发。

（2）脉冲星的诞生——超新星爆发

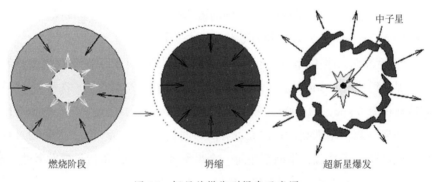

燃烧阶段　　　　　　　坍缩　　　　　　　超新星爆发

图24　恒星从燃烧到爆发示意图

现代天体物理学告诉我们，恒星演化到晚期时，将经历超新星爆发，外部物质爆炸扩散而形成我们所看到的星云，即超新星遗迹。而恒星的最终归宿取决于其质量的大小，一般认为质量小于8个太阳质量的恒星将形成白矮星，质量在8~25个太阳质量的恒星将形成中子星，质量大于25个太阳质量的恒星将形成黑洞。

中子星是高质量恒星可能的进化终点之一。任何主序恒星的初始质量超过太阳质量的8倍，都有产生中子星的潜力。随着恒星的演化，其将逐渐远离主序列，期间核元素也不断燃烧，此时恒星是通过核聚变产生的辐射压力来与引力平衡。在恒星进入"老年"阶段时，核燃烧将产生一个富含铁的核心。当核心中的所有核燃料都已耗尽时，核聚变停止，能量产生停止，这时辐射压不足以平衡引力，原子核将被挤破，电子脱离原子核的束缚，形成电子简并压力来支撑恒星。

若恒星质量大于 8 个太阳质量，壳燃烧产生的更多的物质将不断沉积到核中，若核的质量超过钱德拉塞卡极限（Subrahmanyan Chandrasekhar），电子简并压力被克服，核心进一步塌陷，导致温度飙升到超过 $5 \times 10^9 \mathrm{K}$，在这些温度下，光解（高能 γ 射线将铁核分解成 α 粒子）。随着温度的进一步升高，电子和质子通过电子捕获结合形成中子，释放出大量的中微子。当密度达到 4×10^{14} 克／立方厘米时，中子简并压力停止收缩。在中子产生过程中产生的中微子流击中恒星正在下降到核心的外壳物质，碰撞产生了一个巨大的爆炸。这种爆炸——超新星爆发产生的光可以照亮整个星系。在超新星爆发时大量的外壳物质被抛散出去，剩下的便是中子星。如果核心小于 3 个太阳质量，它们会施加一个能够支撑恒星的压力。对于比这个质量更大的质量，即使中子简并压也不能支持恒星对抗重力，它就会坍缩成一个黑洞。由中子简并压力支撑的恒星称为中子星，如果其磁场与其自旋轴存在夹角，它就可以看作脉冲星。

前面我们说超新星爆发主要有两种类型，那么由白矮星坍缩引起的超新星爆发，其最终产物是什么呢？天文学家发现对于一些小质量的恒星，由于恒星质量较小且温度不够高，核反应进行到氖（Ne）时停止，在演化末期形成一颗质量在 1.1~1.37 个太阳质量之间的氧-氖-镁（O-Ne-Mg）核白矮星。在双星系统中，白矮星不断吸积伴星的物质，使自身质量不断增加，当其质量达到钱德拉塞卡极限时，白矮星核反应重新被点燃，电子简并压将不足以平衡自身引力，氖电子俘获，白矮星坍缩——超新星爆发，最后将形成一个中子星。值得注意的是，这种方式的超新星爆发相对平静，不会有超新星遗迹的产生。那么试想这个中子星会是脉冲星吗？我们将在后面进行回答。

（3）超新星遗迹与脉冲星

20 世纪 30 年代，物理学家在发现中子后，朗道便猜想可能存在一种完全由中子构成的星体——中子星。这在当时只是一个科幻的构想。1934 年，天文学家

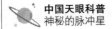
巴德和兹维基预言中子星是超新星爆发的产物。然而，如果想要证实这一猜想，当然是用望远镜观测事实来验证，接下来，天文学家便不断在超新星遗迹中搜寻中子星的存在。

1967 年夏天，贝尔和休伊什教授发现了第一颗脉冲星，后被确认为是快速旋转的中子星。接下来，天文学家们将目光再次投向超新星遗迹，去寻找可能存在的脉冲星。同年在超新星遗迹船帆座（Vela）星云的边缘发现了一颗周期为 89.33 毫秒（每秒转动 11.2 圈）的脉冲星 PSR 0833-45 或 PSR J0835-4510。之所以不是在船帆座星云的中心，是因为这颗脉冲星有很高的自行速度，其正在以 1200 千米每秒的速度离开星云。帆船座脉冲星的发现给正在致力于搜寻超新星遗迹中脉冲星的天文学家带来了巨大的鼓舞。1968 年，美国天文学家在蟹状星云的中心附近发现了一颗脉冲星（PSR B0531+21），即蟹状星云脉冲星。他们的发现终于证实了超新星爆发是中子星产生的主要机制。蟹状星云脉冲星也是目前唯一一颗拥有准确年龄的脉冲星，在射电天文中有着举足轻重的地位。

目前，天文学家已经找到了 500 多个超新星遗迹，并在其中发现了近百颗脉冲星。为什么大多数超新星遗迹中找不到脉冲星呢？我们认为主要有以下几个原因：首先，超新星遗迹也是有寿命的，研究发现超新星遗迹的寿命较短，只有几十万年，之后就会烟消云散。但是脉冲星的寿命却要远远大于这个值，大约在 1 亿年内，天文学家一直可以用望远镜看到它的射电辐射，只是转动周期延长到 10 秒左右；其次，脉冲星拥有很大的自行速度，尽管超新星遗迹在诞生之初拥有很大的膨胀速度，通常为 1 万千米每秒，但是会持续 100~200 年，之后便很快减慢，减小到 10 千米每秒。天文学家观察发现，银河系中最年轻的超新星遗迹——帆船座和蟹状星云的膨胀速度还没有明显减慢，而天鹅座和水母星云的膨胀已经停止。脉冲星拥有很大的自行速度，平均速度大约为 500 千米每秒。因此年龄大的脉冲星会跑出超新星遗迹，即对年龄大于 100 万年的脉冲星来说，一般在其附近都找不到超新星遗迹；此外，还有可能是由于脉冲星的辐射束没有朝向地球或被其他物质所覆盖等，诸多原因都阻碍了我们观测脉冲星。所以，绝大多数脉冲星不可能找到相联系的超新星遗迹。

天文学家致力于搜寻年轻脉冲星和超新星遗迹相联系的证据，证实了超新星爆发是中子星产生的主要机制，这个进展主要从射电超新星遗迹的高灵敏度的观测研究获得。以前的观测，由于灵敏度不高，只给出超新星遗迹中比较强部分的射电图像，当脉冲星处在该遗迹的辐射较弱的地方时，就判断脉冲星和这个遗迹无关了。因此，蟹状星云脉冲星的发现特别重要，它是超新星爆发产生中子星的关键证据。

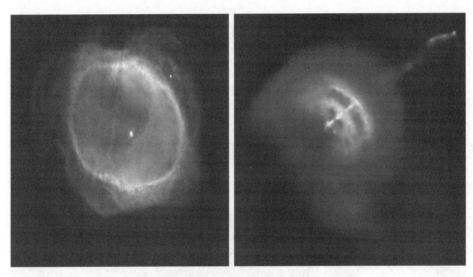

图 25　蟹状星云脉冲星遗迹

10　脉冲星是转动中子星

（1）脉冲星是中子星

图 26　脉冲星诞生过程

脉冲星被发现后，摆在天文学家面前最首要的问题就是——这到底是一种什么样的天体？堪比原子钟的精准周期是如何产生的？

中子星是从它们的电磁辐射中探测出来的。中子星通常被观测到脉冲无线电波和其他电磁辐射，用脉冲观测到的中子星称为脉冲星。

脉冲星的辐射被认为是由磁极附近的粒子加速引起的，而磁极不需要与中子星的旋转轴对齐。人们认为，这是因为在磁极附近形成了一个很大的静电场，导致电子发射。这些电子沿磁场线被磁加速，导致曲率辐射，辐射向曲率平面强烈极化。此外，高能光子还能与低能光子相互作用，产生电子-正电子对，从而通过电子-正电子湮没导致高能光子产生。

中子星磁极发出的辐射可以描述为磁层辐射，参照中子星的磁层。它不应与发射的磁偶极子辐射混淆，因为磁轴与旋转轴不对齐，辐射频率与中子星的转动频率相同。

如果中子星的自转轴与磁轴不同，外部观察者只有在中子星旋转时，当磁轴指向它们时，才会看到这些辐射束。因此，观测到的周期脉冲与中子星的旋转速率相同。

（2）脉冲是如何产生的——灯塔效应

自 1967 年发现并确定第一颗周期为 1.33 秒的脉冲星 PSR B1919+21 后，经过天文学家的不断努力，在短短 50 年间，发现了 2800 多颗脉冲星，平均每年都有 20 多颗脉冲星被发现。

那么脉冲信号到底来自哪里？脉冲星信号的最初发现者贝尔和休伊什认为：这些信号可能来自正在收缩和膨胀的白矮星，或者是变暗或变亮的恒星。随着对脉冲星研究的不断深入，天文学家们在短短一两年时间里提出了 20 多种不同的理论模型来解释恒星如何产生如此快速的脉冲信号。

这些模型主要从以下两个方面解释：第一，日食双星周期性地改变其光输出。这种情况存在于双星系统中，类似于地球上的日食，在地球的周期运动中，当月球处于太阳和地球的中间，三个星球刚好处于一条直线的时候，太阳光就会被月球完全挡住，而出现日食。而脉冲星双星系统类似于太阳和月球，脉冲星一直发出的是连续信号，但是由于伴星周期性的遮挡，就会出现在地球上接收到脉冲信号的情况。但是根据开普勒第三定律，对于一个具有太阳质量大小的双星，要有一个很短的周期，轨道的直径就必须非常小。在不到 1 秒的时间内，直径不能超过几千千米。这比白矮星的半径还要小（白矮星半径通常为 1000 千米）。中子星比这个小，但是绕轨道运行的中子星会有引力波辐射。这将导致轨道恒星螺旋在一起，即轨道不断收缩，与之相应的便是周期将不断减小。但观察到的脉冲星周期随时间增加，而不是减少。因此，双星是成为脉冲星的原因便不成立。

第二，脉动变星周期性地改变其光输出，即收缩和膨胀的白矮星，或者是变暗或变亮的恒星。我们在讨论脉动变量时发现，脉动周期与密度的平方根成反比，也就是说周期越小密度就越大。在几十毫秒到几秒的脉冲周期内，根本没有一颗普通恒星、白矮星或中子星的密度能给出脉冲星的脉动周期。所以脉冲星不可能是在脉动的正常恒星。

图 27　脉冲星辐射示意图

直到 1968 年，天文学家托马斯·戈尔德（Thomas Gold）才提出了一个目前被广泛接受的理论——"中子星灯塔"模型。戈尔德认为脉冲星是一个快速转动的中子星，其磁极两端将发射两个窄的"同步辐射"相对的"光束"，而且中子星的南北极与磁极不重合，如果中子星恰好对齐使两极面对地球，我们每次看到其中一个极旋转到我们的视线时，就会看到无线电波。它与灯塔的效果相似，当灯塔旋转时，它的光在静止的观察者看来是闪烁的。同样的，脉冲星在其旋转极扫过地球时似乎在闪烁。脉冲星发出极规则的无线电波脉冲。（这样在中子星转动时，就像海上的灯塔一样，不断地扫过海域，当扫过船时，船员便能看到灯光。中子星的光束就相当于灯塔的灯光，只有当光束扫过地球时才会接收到信号，而脉冲是我们对光束的感知。）

为什么要选择中子星？白矮星就不行吗（但是什么样的恒星能给出所需的周期呢）？简单的计算表明，只有非常密集的物体才能足够快地旋转，而不会因为与快速旋转相关的力而解体。白矮星不够密集。一个典型的白矮星的最小转动周期是几秒钟；在较短的周期内，它会解体。但是一颗中子星是如此致密以至于它可以每秒旋转超过一千次并且仍然保持在一起，所以旋转的中子星可以解释所观察到的脉冲星的周期。因此，戈尔德认为，已知脉冲星与观测结果一致的唯一解释是，脉冲星必须是快速旋转的中子星。但要使这种机制成为脉冲星的有效解释，我们需要一种方法，让自旋中子星发射辐射。中子星的磁场提供了这样的可能性。同年天文学家在蟹状星云发现了一颗脉冲星，这也证实了其理论的正确性。

（3）脉冲星的辐射

　　脉冲星可以辐射出多种波长的光，从无线电波一直到 γ 射线，γ 射线是宇宙中最具能量的光形式。

　　脉冲星是如何发出光的？目前天文学家们还没有对这个问题给出一个详细的答案。更重要的是，天文学家们发现，脉冲星表面上方产生不同波长光的原因可能是不同的机制。天文学家在20世纪60年代首次发现的类似灯塔的光束由无线电波组成。这些光束之所以引人注目，是因为它们非常明亮

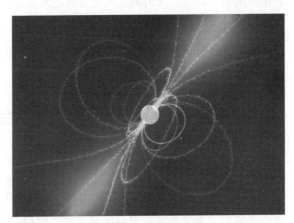

图28　脉冲星磁场示意图

和狭窄，并且具有与激光束相似的特性。激光是"相干的"，而非相干光，例如，由一个灯泡辐射。在相干光的光束中，光的粒子基本上是步进的，形成了均匀的聚焦光束。当光粒子以这种方式相互作用时，它们就能产生一束比漫射光源亮出指数倍的光束，并使用同样的功率。

虽然没有弄明白脉冲星辐射的机制，但是天文学家清楚地知道，脉冲星的辐射是由脉冲星的旋转及其磁场驱动的。自旋速度最快的脉冲星的磁场比较慢的自旋脉冲星要弱，但旋转速度的增加仍然足以使那些快速脉冲星发出同样明亮的光束。

艺术家为上述现象提供了一个艺术构想图，脉冲星磁力线由南极出发到达北极。然而，在现实中，当脉冲星自旋时，它会用脉冲星来鞭打周围的磁场，从而创造出一幅更复杂的画面。

旋转磁场产生电场，而电场又能使带电粒子移动（产生电流）。脉冲星表面上受磁场支配的区域称为磁层。在这个区域，带电粒子，如电子、质子或带电原子，会被很强的电场加速到极高的速度。任何时候，带电粒子被加速（这意味着它们要么提高速度，要么改变方向），就会发出光。在地球上，称为同步加速器的仪器将粒子加速到很高的速度，并利用它们发出的光进行科学研究。在脉冲星的磁层中，这一基本过程可能在光学和 X 射线范围内产生光。

但是脉冲星发出的 γ 射线呢？天文学家通过观测研究发现，γ 射线是从脉冲星周围的不同位置发射的，不是无线电波发射的，而且是在高于地面的不同高度发射。此外，γ 射线不是以一束狭窄的铅笔状光束发射，而是以扇形发出的。但就像无线电波的发射一样，科学家们仍在争论脉冲星产生 γ 射线的确切机制。

（4）中子星内并不全是中子

中子星内一定全是中子吗？在中子发现不久，朗道就预言了一种完全是由中子组成的天体——中子星，这是人类第一次对中子星进行定义。但是在实际观测到中子星后，天文学家才发现中子星里不仅仅只有中子，还有电子、原子核等。还有天文学家认为中子星并不是由中子组成，而是由夸克组成的夸克星，但这还没有得到证实。

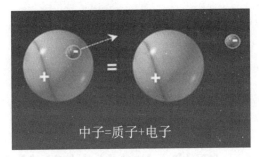

图 29 中子分裂质子与电子示意

　　既然中子星不全是由中子组成的，为什么还延续朗道的说法称为中子星呢？中子星是人们对这种奇异天体的习惯性的称呼。就像脉冲星一样，研究后发现其并不能发射脉冲信号，但是脉冲星已经成为被人们广为接受的称呼，没必要再改变。

　　中子星都是脉冲星吗？前面我们说过脉冲星是快速旋转的中子星，脉冲星是通过消耗自转来维持其射电辐射的。也就是说，随着年龄的增加，脉冲星的自转周期会逐渐增大，当达到一定程度时，便不再发射射电信号，这时的脉冲星便只能称为中子星了。所以，中子星不一定是脉冲星，一般来说脉冲星一定是中子星。

11 蟹状星云的神秘信号

（1）发现脉冲星——蟹状星云脉冲星

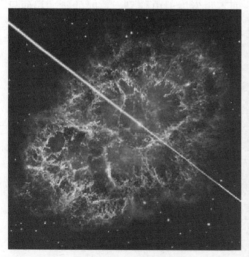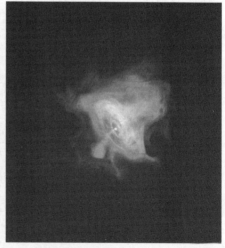

图 30 美国宇航局哈勃望远镜拍摄的 SN1054 超新星遗迹

那么，这团"星云"的发现有何价值？让我们跟随时光快车来到 20 世纪 30 年代。当时，苏联物理学家朗道（Lev Davidovich Landau）曾猜想存在由中子构成的致密星体，后经美国物理学家、原子弹之父奥本海默（Julius Robert Oppenheimer）详细计算得到，这种星体直径只有约 20 km，相当于北京市区范围，其质量却相当于整个太阳系的总和。这在当时是一个天方夜谭的科幻构想，星体靠什么力量支撑顶住强大的引力场？奥本海默认为是中子之间的"量子"排斥力，这是源自刚刚创立不久的量子力学理论。接着，就在物理学家预言中子星的存在之后不久，美国（瑞士国籍）天文学家兹威基（Fritz Zwicky）就预言中子星不仅存在，而且可能是超新星爆发的产物。然而，如何证明这一猜想呢？当然是用望远镜观测事实来验证，而前提是首先要发现中子星。如何发现？天文学家再次想起了宋朝 1054 年的那颗"客星"，最简捷的方法便是在蟹状星云中寻找残留的中子星。

　　当时大部分学者指出在蟹状星云中可能有一颗中子星。他们的猜想推理如下：在恒星的核燃料耗尽后，恒星中心部分坍缩引起超新星爆发时，向中心坍缩的质量超过 1.4 个太阳质量，而恒星质量达到约 20 个太阳质量时，自由电子的压力不能抵抗强大引力而继续坍缩，导致原子核破裂，电子和质子相互作用变成中子，形成中子的海洋，最后因为中子所产生的量子压力可抵抗引力而使坍缩停止，从而形成稳定的中子星。

　　重大的"天机"总是不期而遇。1967 年夏天，机会终于给了有心人，回报了天文学家们耐心的等待。那时，英国剑桥大学博士研究生乔瑟林·贝尔和其导师休伊什教授正在搜索天空的射电闪烁信号。贝尔注意到一系列无线电流量的周期性变化，呈现间隔约为 1.33 秒，且有极其稳定的脉冲。后来经过一系列程序认证，这便是检测到的第一颗脉冲星（即转动的中子星）。这一发现获得 1974 年的诺贝尔物理学奖，这也是天文观测第一次获得如此崇高的荣誉。

　　1967 年，脉冲星被认证为转动的中子星，其发现被誉为 20 世纪四个重要天文学发现之一。接下来，天文学家将目光投向中子星的"母亲"——前身星到底是什么？中子星诞生后，其附近的遗迹是什么样子？难道 1054 年的"客星"与中子星存在必然联系吗？ 1968 年，美国天文学家使用阿雷西博射电望远镜（口径 305 米，为当时世界最大），不出预料，他们在蟹状星云中发现了一颗脉冲星（编号 PSR B0531+21），即蟹状脉冲星。这一事件振奋人心，它解答了天文学家的长期困惑——"客星"到底是怎么形成的？而且验证了理论学家们提出的恒星演化理论：超新星爆发时，气体外壳被抛射出去，形成超新星遗迹，就像蟹状星云，而恒星核心却迅速坍缩，形成一种致密的星体，如果其前身星质量在 8~25 倍太阳质量之间，则会产生中子星。自此，"客星"与脉冲星的前世今生谜底告破，那颗 1054 年的"客星"是一颗"吉星"，不是"克星"，它为人类认识恒星演化终结获得第一手参考样本。

图 31　观星示意图

（2）在遗迹中发现脉冲星的意义

现代天体物理学告诉我们：一颗约为 8 ~ 10 个太阳质量以上的大质量恒星，演化到晚期时，将经历超新星爆发，其核心将形成一颗中子星，外部物质将爆炸扩散形成我们所看到的星云，即超新星遗迹。1054 年的"客星"与脉冲星的密码被破解，这不仅是天文学界的巨大进展，也是中国古人的骄傲。中国宋朝天文学家如果能聆听到现代科学的回响，会感到无比意外和惊奇。

细心反思，"客星"与脉冲星关联的千年寻找，是偶然的相遇，还是必然的拥抱？这事件给予我们哪些深刻的文明哲理？

确切的说，假如没有 1000 年前中国科技的积累和传播，哪来现代西方科技的文明？如果将现代科技体系比喻成一棵大树，那么通过蟹状星云事件管中窥豹，人们会发现：其树苗栽培于中国，而繁茂结果于欧洲。

这颗高速自旋的蟹状脉冲星，证明了 20 世纪 30 年代的科学家们对中子星的预言，并肯定了恒星演化理论：超新星爆发时，气体外壳被抛射出去，形成超新星遗迹，就像蟹状星云，而恒星核心却迅速坍缩，由恒星质量的大小决定它的归宿是白矮星、中子星还是黑洞。天文学家们进一步观测发现，蟹状脉冲星是一颗强大的电磁辐射源，它以固定且很短的周期释放辐射脉冲，其转动周期仅为 33毫秒，即每秒转动 33 圈（频率 33 转 / 秒）——这是个令人难以置信的高速运动。现已证明，这是因为高速自转的中子星具有超强磁场——相当于地磁场的万亿倍——高强磁场的极冠将辐射约束在很窄的区域向外释放。

图 32　超新星爆发后脉冲星形成

（3）蟹状星云脉冲星的全波段辐射

　　蟹状星云脉冲星（编号 PSR B0531+21）是位于北天区的一颗著名的源，其周期约 33 毫秒，计算出的磁场约 10^{12} 高斯，距离地球 2000 kpc。它虽然不是观测到的第一颗脉冲星，但是在脉冲星的研究过程中却起了举足轻重的作用。它于 1968 年首先在射电波段发现，随后发现它还是光学、X 射线、γ 射线和红外波段的脉冲星，其辐射光子的能量超过 30 keV，而且非常稳定。迄今为止，在几乎所有电磁波段上都能观测到脉冲星现象的只有蟹状星云脉冲星和帆船座脉冲星，但帆船座脉冲星光学亮度很暗，只有蟹状星云脉冲星亮度的万分之一，很难观测。天文学家将蟹状星云脉冲星看成是宇宙中最具参考性、多波段源之一，并将其作为一种标准源来测量宇宙其他辐射源。

　　蟹状星云脉冲星有着长期的观测记录，也是唯一一颗准确知道其诞生年龄的脉冲星，在研究脉冲星自旋周期的特性中具有重要的作用。观测发现蟹状星云脉冲星的自转速度正在逐渐减慢，这主要是由于它自身的电磁辐射消耗自转能导致的。据此推测，蟹状星云脉冲星诞生时自转周期约 20 毫秒，经过 1 万年后它大约减慢到 100 毫秒。

自转周期约20毫秒　　　　　　减慢到100毫秒

图 33　脉冲星自旋演化图

　　哈勃空间望远镜（Hubble space telescope，HST）于 1990 年成功发射，位于地球的大气层之上，因此影像不会受到大气湍流的扰动，视相度绝佳又没有大气散射造成的背景光，还能观测到被臭氧层吸收的紫外线，弥补了地面观测的不足。它帮助天文学家解决了许多天文学上的基本问题，使得人类对天文物理有更多的认识，是天文史上最重要的仪器之一。2013 年，由美国宇航局哈勃空间望远镜拍摄的神奇蟹状星云，如图 34 所示。

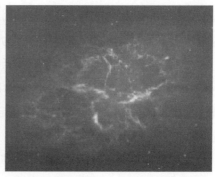

图 34　美国哈勃望远镜

斯必泽太空望远镜（Spitzer space telescope，SST）由美国国家航空航天局于2003 年 8 月发射，是人类送入太空的最大的红外望远镜，此太空望远镜是美国宇航局发射的四大太空望远镜之一。图 35 为斯必泽太空望远镜于 2008 年拍摄的蟹状星云红外视图。超新星爆炸结束了大质量恒星的生命，蟹状星云是破碎的恒星的残骸。图中蓝白色区域是被包围在恒星磁场内的高能电子云遗迹，红色丝状结构渗透整个星云，这种辐射就是我们所熟知的电磁辐射。对蟹状星云脉冲星有着40 多年的观测记录，现今仍是天文学家研究的热点课题之一。

图 35　美国斯必泽望远镜

（4）蟹状星云脉冲星近期表现

蟹状星云脉冲星仅仅是蟹状星云正中间一个明亮的小点，那是现代天文学家眼中最奇异的天体之一。这颗坍缩了的恒星内核残骸如同一部宇宙发电机，为蟹状星云在整个电磁频谱范围内产生的辐射提供动力。蟹状星云宽约 12 光年，估计质量可达 4~5 个太阳质量，其磁场强度为 10^{-3}~10^{-4} 高斯。

根据天文学家提供的数据，蟹状星云脉冲星现时自转周期 $P=0.033085$ 秒，直径大约 25 千米。该星体除了辐射射电脉冲外，还有 X 射线和光学射线等，其辐射光子的能量超过 30 keV，而且非常稳定，因此天文学家将蟹状星云脉冲星看成是宇宙中的多波段参考源，并将其作为一种标准源来测量宇宙其他辐射源的能量。

据统计脉冲星诞生时的平均自旋周期在 20~30 毫秒，而百万年后的平均自旋周期在 0.5 秒左右。对于脉冲星自转速度缓慢变慢这一性质，主要由于它自身的电磁辐射消耗自转能引起的。从电磁辐射的角度讨论蟹状星云脉冲星减速，随着时间的推移周期变长的速率逐渐变慢。以蟹状星云脉冲星为研究对象计算出诞生时的初始自旋周期为 15 毫秒，经过 1 万年后蟹状星云脉冲星的自转周期约为 100 毫秒。

蟹状星云中心区域由于脉冲星极高能量的不断释放而变得异常活跃。大多数天体的演化非常缓慢，只有经历很长的时间尺度才能觉察出变化。而蟹状星云的内部在几天之内就能产生明显变化，因此对蟹状星云脉冲星的研究对天文学意义重大。

（5）"客星"与脉冲星回答"李约瑟难题"

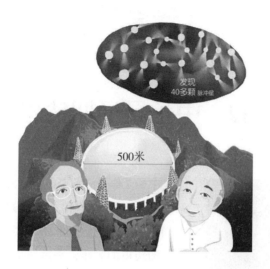

图 36　中国天眼示意图

　　"李约瑟难题"是由英国学者李约瑟在编著《中国科学技术史》的过程中提出的，其主题是："为什么中国古人（尤其是宋人）对人类科技发展作出了很多重要贡献，而科学和工业革命没有在近代中国发生？"1976 年，美国经济学家肯尼思·博尔丁（Kenneth Ewart Boulding）称为"李约瑟难题"。

　　这一问题让无数人深思，尤其是中国人。后来，中国国内亦曾有"钱学森之问"，即："为什么我们的学校总是培养不出杰出人才？"可谓与"李约瑟难题"一样，都是对中国科技界的忧思之问。

　　有人把李约瑟难题进一步推广，推论出"中国近代科学为什么落后"等。这一系列追问，中国人曾经无法回答。今天，当时光快车定格在 2019 年，答案指向贵州省平塘县的中国"天眼"工程 FAST——这架望远镜已经不负使命地发现了 100 多颗新脉冲星，实现了中国天文学界零的突破；而且，科学家们安装了世界上最先进的 19 波束接收机，它将带领我们迈进新的宇宙发现的大门。可以说，这一点，至少从某种程度上回答了"李约瑟难题"，也回应了"钱学森之问"。

12　中子星早期猜想

图 37　中子发现者：查德威克

中子星作为浩瀚宇宙中三大致密星体之一（另两个是白矮星和黑洞），其充分的探索和研究对于我们了解整个宇宙是非常重要的。接下来，让我们跟随历史的脚步，来进一步了解关于中子星和脉冲星理论被提出和完善过程中几个重要的有突破性的历史阶段。

1932 年英国剑桥大学卡文迪什实验室的查德威克（James Chadwick）发现了中子，并因此获得了 1935 年的诺贝尔物理学奖。

中子星的诞生方式：1934 年，天文学家巴德（Walter Baade）和兹维基（Friz Zwicky）将恒星演化的终端产物称为中子星。他们在论文中这样写道："对于目前已经获得的信息与数据来看，我们认为超新星代表了普通恒星向中子星的转变，组成这种星体的大部分物质是中子，这样的星体可能拥有极小的半径且极其致密。"历史上，其实早在脉冲星被发现之前苏联著名物理学家朗道（Lev Davidovich Landau）即从理论上预言了这样一类致密星体的存在。朗道当时正在丹麦访问，参加了玻尔（丹麦文：Niels Henrik David Bohr）召集的关于新发现的中子的讨论会。会上，朗道敏锐地推断如果恒星质量超过钱德拉塞卡（Chandrasekhar）极限，也不会一直坍缩下去，因为电子会被压进氦原子核中，质子和电子将会因引力的作用结合在一起成为中子。中子和电子一样，也是遵循泡利不相容原理的费米子，中子在一起产生的中子简并压力与引力使得恒星成为密度比白矮星大得多的稳定的中子星。但朗道的这个观点当时并未发表。1934年，在美国威尔逊山天文台工作的巴德和兹维基在探讨超新星爆发起源的问题中提出了中子星存在的可能，中子简并压力能够支持质量超过钱德拉塞卡极限的恒星，他们认为超新星爆发所需的能量可能来自于星体坍缩时释放的引力束缚能，而中子星在这一过程当中形成。为寻找超新星爆炸的原因，他们提出中子星是超新星爆炸后的产物。超新星是突然出现在天空中的垂死恒星，在出现后的几天或整个星期内，可见光亮度超过整个星系。巴德和兹维基正确地解释了产生中子星时释放出的重力束缚能供给超新星的能量："在超新星形成的过程中大量的质量被湮灭"。如果在中心的大质量恒星在它崩溃之前的质量是太阳质量的3倍，那么在中心可能形成一颗2倍太阳质量的中子星。被释放出来的束缚能（$E=mc^2$）相当于1个太阳的质量全数转化成能量，这足以作为超新星最后的能量来源。1939年美国物理学家奥本海默（Julius Robert Oppenheimer）和沃尔科夫（George Volkoff）提出系统的中子星理论。他们认为在质量与太阳相似的恒星内部可以达到简并中子的流体静力学平衡，然后通过计算建立了第一个定量的中子星模型，但是这些工作并没有引起天文学界的重视。

1965年，英国射电天文学家休伊什和奥科耶（Samuel Okoye）在蟹状星云中发现了一个不同寻常的射电亮源，即后来被认证的蟹状星云脉冲星。1967年，贝尔和休伊什利用射电望远镜检测到了有规律的脉冲信号，因其具有的稳定脉冲周期而将它命名为脉冲星。同年，什克洛夫斯基（Iosif Shklovsky）通过对天蝎座（Scorpius）X-1的X射线辐射机制的讨论，认为其辐射来自于一颗处于吸积状态的中子星。人们将这一类新天体称为"脉冲星"，并且确认它们就是30年前朗道预言的中子星，发出的脉冲产生于快速旋转中子星这一猜想。1968年，戈尔德（Thomas Gold）提出脉冲星是一颗快速旋转的磁化中子星的想法，这一物理图像随后即由科米拉（J. M. Comella）通过其后对蟹状星云脉冲星的观测所证实。

（1）中子星早期设想——朗道

图38　苏联物理学家朗道

朗道堪称最后一个全能的物理学家。1908年1月22日，朗道出生于俄国里海边上的石油城巴库（今阿塞拜疆共和国首都），是著名的神童，年轻时周游欧洲，遍访物理学泰斗，1931年回国，1932年在乌克兰东北部城市哈尔科夫从事研究和教学工作。朗道于1946年被选为苏联科学院院士，曾获斯大林奖金。他由于对液氦理论的研究而获得1962年的诺贝尔物理学奖。朗道当时由于身体原因，不能前往国外领奖。结果诺贝尔奖基金会打破了惯例，在历史上第一次不是在瑞典首都由国王授奖，而是由瑞典大使在莫斯科授予朗道这一物理学研究的最高荣誉。

朗道思维敏锐，学识广博，精通理论物理学的许多分支。在他50岁生日时，朋友们列举了他对物理学的十大重要贡献：①引入了量子力学中的密度矩阵概念；②金属的电子抗磁性的量子理论；③二级相变理论；④铁磁体的磁畴结构和反铁磁性的解释；⑤超导电性混合态理论；⑥原子核的统计理论；⑦液态氦II超流动性的量子理论；⑧真空对电荷的屏蔽效应理论；⑨费密液体的量子理论；⑩弱相互作用的复合反演理论。

他在天体物理学上的贡献主要是，1937年利用费米气体模型推测恒星坍缩的质量。1938年，在当时的苏联"大清洗运动"中，朗道本想用学术声誉抵消当时的社会压力，他向著名杂志《自然》（Nature）投稿一篇题为"恒星能量的起源"的文章，尽管此文于1938年2月正式发表，但终究未能改变朗道当年4月28日被捕入狱的噩运，以"德国间谍"的罪名被捕，并被判处十年徒刑，送到莫斯科最严厉的监狱。好在物理学家卡皮查等人的竭力营救，一年后，即1939年4月29日，朗道终于获释。

应该说朗道是比较在意自己关于恒星能源和中子物质的想法的。朗道推测存在核密度物质甚至早于查德威克发现中子。1932 年 1 月 7 日《苏联物理杂志》收到朗道的一篇稿件，后被接受发表于该刊。目前一般认为，有关"中子星"概念的原型就是在这篇论文中首次提出的；1938 年的论文是该文的总结和深化。朗道提出"中子星"概念的逻辑思路很值得科学史学者参考；首次提出可能存在核心由"密度跟原子核相当的物质"组成的星体。这一点具有前瞻性，而中子星逐渐成为天文学和物理学领域的研究热点。类似于伊凡宁柯对原子核结构的思索，朗道的观点是，星核足够高的密度不仅可以因引力能的下降导致整个星体稳定，而且一旦质子和电子紧密结合，将使得电子的动能下降。关于恒星的整体结构，朗道认为恒星的中子核心与周围物质这两个相的边界条件是由通常的化学势平衡确定的；而任一现代的中子星结构正是沿此观点建立的。除此以外，朗道认为利用这种星体结构可以自然地解决当时流行的两个挑战性问题：恒星坍缩和能源机制。朗道声称他的星体结构可同时解决"恒星坍缩"和"能源机制"疑难。为此，朗道不惜提出了现在看来是错误的两个概念：①所有恒星都具有一个"中子核心"以便提供发光能源；②恒星内部存在违背量子力学定律的病态区域，以便使质子和电子紧密结合得像基本粒子那样。

1962 年 1 月 7 日，朗道经历了一次严重的车祸，震动了整个物理学界。众多苏联物理学家聚集到朗道的病房，在医院的长廊点上烛光为他祈祷。在昏迷了大约两个月后，朗道醒来，但智力已经发生了严重的退化。车祸后他的健康逐渐恶化，1968 年 4 月 1 日，一代物理学宗师朗道与世长辞，享年 60 岁。

（2）超新星爆发与中子星形成——兹威基

兹威基在宇宙学领域的贡献可能仅次于爱因斯坦。兹威基 1898 年出生于保加利亚的瓦尔纳，父母均为瑞士人。1922 年在瑞士的苏黎世联邦理工学院获得博士学位。1925 年前往美国加州理工学院做研究工作，1942 年成为天体物理学教授。在天体物理方面，兹威基作出了很多贡献，最为特别的是提出暗物质的概念。暗物质的特点是不发散光、不吸收光、不反射光，所以人们根本看不见它，但其有质量。或许兹威基的想法超越了他的时代。在宇宙模型的争论中，兹威基不赞同勒梅特和哈勃关于星系的红移起源于宇宙膨胀的观点，于 1929 年提出红移是由于光子在穿越宇宙时，途中因为引力场的作用，逐渐损失了能量而形成的，但是这种观点并不为大多数天文学家所接受。1933 年，兹威基在研究后发座星系团时，利用维里定理，认为存在不可见的物质，即暗物质，但在当时并没有引起重视。

1934 年，在中子星提出后不到两年，兹威基和巴德在美国《国家科学院学报》上发表论文，首次提出了"超新星"一词，用于描述正常恒星向中子星转化过程中的中间产物，并且解释了宇宙线的起源。他们在探索超新星起源时，试探性地提出，宇宙中可能有完全由中子组成的天体，称为中子星。他们认为中子星是一种极其致密的天体，在超新星爆炸中，由一个普通的恒星收缩成半径为十几千米的星体，在收缩的过程中，电子被挤压进质子中形成中子，这样一个由中子组成的天体——中子星便形成了。但是在中子星提出后，天文学家认为中子星实在太微弱，根本无法探测到，因此中子星一直没有引起天文学家的重视。

1935 年，在他和巴德的共同倡议和推动下，第一台施密特望远镜在帕洛马天文台建成，口径为 1.2192 米。这台大视场望远镜在巡天观测方面取得了重大成果。1935 年到 1940 年的 5 年时间里，兹威基共发现了 14 颗超新星。除此之外，他还与威尔逊山天文台的哈勃、巴德等人合作，记录了大量超新星的观测资料，根据这些资料，他提出根据光变曲线、谱线特征、膨胀速度等因素将超新星分类。兹威基是少数认同存在中子星这一观点的科学家之一。1934 年，他与巴德共同发表文章称，中子简并压能够支持质量超过钱德拉塞卡极限的恒星。后来，兹威基将研究重心转移到了星系团方面，并于 1961—1968 年编纂了包含 9314 个星系团的星系和星系团总表（CGCG）。此外，他还于 1937 年提出了星系团可以作为引力透镜的设想。兹威基还倡导形态学的研究方法，著有《形态天文学》等著作。虽然兹威基一生大部分的时间在美国工作，但他一直保留着瑞士国籍。

1974 年 2 月 8 日，兹威基在美国加利福尼亚州的帕萨迪纳去世。为纪念他，第 1803 号小行星和月球上的一座环形山以他的名字命名。事实上，暗物质不仅拥有质量，它的质量甚至是可见物质的 6 倍左右，大约占到宇宙物质成分的四分

之一；另外四分之三是暗能
量，一种充溢宇宙空间的能
量形式，同样不可见。在进
入 21 世纪前，人们竟然被
告知，可见的一切在茫茫宇
宙的质量划分中都不能占到
多数。但大多数人还是信奉
"眼见为实"。在当时，"暗
物质"这个概念被彻底忽略
了。兹威基的主要贡献是对
超新星现象的研究。他在

兹威基　　　　　　　　　　巴德

图 39　美国天文学家兹威基与巴德

1934 年和巴德一起确认宇宙中有比新星更激烈、释放能量更多、光变幅更大的
灾变天体。如银河系内 1054 年、1572 年和 1604 年观测到的"客星"，他把它
们定名为超新星。

（3）中子星的星体结构预言——奥本海默

尤利乌斯·罗伯特·奥本海默（Julius Robert Oppenheimer），生于纽约一个
富有的犹太人家庭，自幼就有着优裕的生长环
境。随后他到英国剑桥大学深造，1926 年跟
随玻恩（M. Born）做量子方面的研究，1927
年以量子力学方面的论文获德国哥廷根大学博
士学位。奥本海默是著名美籍犹太裔物理学
家、曼哈顿计划的主要领导者之一，1943 年
奥本海默创建了美国洛斯阿拉莫斯国家实验室
（LANL）并担任主任；1945 年主导制造出世界
上第一颗原子弹，被誉为"原子弹之父"，也

图 40　爱因斯坦与奥本海默

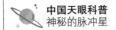
有人把他看作是"中子星之父",但这有些争议。

20世纪30年代末,奥本海默也许是因为与查德·托尔曼的友谊,对天体物理学产生了较大兴趣,由此发表了一系列论文。其中第一篇是1938年他与罗伯特·塞伯合著的题为《关于恒星中子核的稳定性》的论文,奥本海默探讨了白矮星的性质。

随后,1939年奥本海默与他的学生沃尔科夫合著了一篇论文——"关于质量巨大的中子核",在这篇文章中,他们采用的物态方程是理想的简并中子气模型,计算建立了第一个定量的中子星模型。并证明了中子星的质量上限为0.7个太阳质量(比白矮星的钱德拉塞卡极限1.4个太阳质量还小),即所谓的托尔曼-奥本海默-沃尔科夫极限(TOV极限),是对恒星质量的限制,超过这个限度,它们就不会像中子星一样稳定,并会经历引力崩溃。考虑到中子之间强大的核斥力,天文学家估计出中子星的质量范围在1.5~3.0个太阳质量之间。虽然在今天看来TOV极限是错的,但是其却为后来的天文学家指明了方向。现代关于中子星的模型大多是基于他们的思想之上。

1939年奥本海默与斯奈德根据广义相对论写出题为"论持续的引力塌陷"的论文:在恒星进化晚期的万有引力坍缩过程中,若质量大于若干个太阳质量,则会形成超密星体"黑洞"。在此前很久,人们根据牛顿引力理论曾猜测到"黑洞"的存在。但经典理论本身的缺陷使这种猜测不为人们所接受。奥本海默等人的工作在理论物理学和天体物理学中开创了一个崭新的领域。这是奥本海默对科学的革命性贡献。文章证明,质量远大于太阳的恒星最终都会成为黑洞,并推断,黑洞必定作为实体存在于我们周围的星空。文中还用爱因斯坦广义相对论证明,每个大质量恒星耗尽内部核燃料后会进入永久自由落体状态,这是个反直觉的革命性新概念。连爱因斯坦都从未想象也从未接受自己的理论会导致这一结果,但奥本海默都做到了,黑洞对宇宙进化起着决定性的作用。这一观点直到20世纪60年代才被命名为"黑洞",但奥本海默没有进一步考虑在视界之内恒星会发生什么问题,40年后,史蒂芬·霍金(S. Hawkins)把量子引力引入视界之内,使这一工作变成极为有趣的天体物理学问题。40多年来他全身心关注着深层次的科学问题。

（4）中子星磁场——帕西尼

弗兰科·帕西尼（Franco Pacini）是意大利天体物理学家、佛罗伦萨大学教授。

他在意大利、法国、美国和欧洲南方天文台均进行过研究，主要是在高能天体物理学方面。

在乌尔比诺完成高中教育后，他在比萨和罗马学习物理，并于 1964 年毕业。1967年至 1973 年，他是康奈尔大学的研究助理和客座教授。1967 年，他发表了第一个明确的建议，即强磁化中子星可以释放转动能量，产生大量相对论粒子。几个月后，剑桥大学的天文学家发现了脉冲星，证明了他的假设是正确的。

图 41　意大利天文学家帕西尼

1975 年，帕西尼加入了日内瓦欧洲南方天文台新成立的科学小组。1978 年，他成为佛罗伦萨阿尔塞特里天体物理观测台的主任。他担任这一职务直到 2001 年。在他任职期间，天文台在广泛的国际合作背景下，大大扩大了其在不同领域的科学活动。特别是在这一时期，阿尔塞特里天文台成为建造大型双目望远镜 (LBT) 的合作伙伴。

他是许多国际理事会和委员会的成员。他担任国际天文学联合会主席，任期三年 (2001—2003 年)。在 2003 年于悉尼举行的国际天文学联合会（International Astronomical Union，IAU）第 25 届大会上，他提议将 2009 年定为国际天文年，以此庆祝伽利略第一次望远镜观测 400 周年。

他是法国皇家天文学会的准会员和美国天文学会的会员。1997 年，他获得了意大利政府的科学奖。多年来，他开展了广泛的活动，旨在向公众，如儿童和成年人传播科学知识，经常举行公开讲座、在报纸上发表通俗文章、在书籍和电视上露面。小行星 25601 就是以他的名字命名的。

（5）脉冲星是转动中子星——戈尔德

图 42 天文学家戈尔德

戈尔德，奥地利天体物理学家、康奈尔大学天文学教授、美国国家科学院院士、英国皇家学会（伦敦）研究员。戈尔德的工作跨越了学术和科学的界限，涉及生物物理学、天文学、航空航天工程和地球物理学。

1951 年，在英国皇家天文学会的一次会议上，戈尔德提出，最近从太空探测到的无线电信号来源于银河系以外，这受到射电天文学家马丁·赖尔和几位数学宇宙学家的嘲笑。然而，一年后，又发现了一个遥远的消息来源，戈尔德在罗马举行的国际天文联合会会议上宣布，他的理论已经得到证实。赖尔后来把戈尔德的论点作为河外演化的证据，声称它使稳态理论失效。

戈尔德于 1952 年离开剑桥，成为英国格林尼治皇家天文台天文学教授哈罗德·斯宾塞·琼斯的首席助理。在那里，戈尔德引起了一些争议，因为他认为太阳带电粒子与地球磁场在高层大气中产生磁暴的相互作用是无碰撞激波中的一个例子。这一理论引起了广泛的争议。直到 1957 年，美国科学家才发现戈尔德的理论可以通过使用激波管进行模拟，来进行数学上的验证。

斯宾塞·琼斯退休后，戈尔德从皇家天文台辞职，1956 年搬到美国，担任哈佛大学天文学教授 (1957—1958 年)。1959 年年初，他接受了康奈尔大学的一项任命，这使他有机会成立一个辐射物理学和空间研究跨学科部门。他接受了这一任命，负责天文系。当时，该系除他外只有一名教员。直到 1981 年，戈尔德一直担任辐射物理学和空间研究中心主任，使康奈尔成为一个领先的科学研究中心。在他的任期内，戈尔德聘请了著名的天文学家卡尔萨根和弗兰克德雷克，帮助建立了当时世界上最大的射电望远镜（口径 305 米）。此外，戈尔德从 1969 年至 1971 年担任研究副主任，从 1971 年起担任天文学教授，直到 1986 年退休。

1959 年，戈尔德扩展了他先前对无碰撞冲击波的预测，认为太阳耀斑会将物质喷射到磁云中，产生一个冲击锋，从而导致地磁风暴。他还在他的论文"地球磁层中的运动"中创造了"磁层"一词，以描述"地球磁场对气体和快速带电粒子的运动具有支配作用的电离层上方的区域，该区域已知延伸到地球 10 度半径的距离"。1960 年，戈尔德再次与霍伊尔（Fred Hoyle）合作，以控制气体和快速带电粒子的运动，说明磁能是太阳耀斑的燃料，当相反的磁环相互作用并释放储存的能量时，耀斑就会被触发。

1967 年，剑桥大学射电天文学研究生贝尔和她的博士生导师休伊什教授发现了一个周期为 1.33 秒的脉冲无线电源。该源被称为"脉冲星"，在很短的时间间隔内发射电磁辐射光束。戈尔德认为这些天体是快速旋转的中子星。戈尔德认为，由于其强磁场和高转速，脉冲星会发出类似于旋转信标的辐射。戈尔德的结论最初并不为科学界所接受；甚至在第一次国际脉冲星会议上他被拒绝发表他的理论。然而，在利用阿雷西博射电望远镜在蟹状星云发现脉冲星后，戈尔德的理论被广泛接受，为未来固态物理学和天文学的发展打开了大门。

13　脉冲星速度来源

（1）自旋速度

图 43　角动量守恒示意图

$$I\omega = I\omega$$

通过前文对蟹状星云的研究发现，蟹状星云脉冲星拥有两个速度，一个是自旋速度，为 33 毫秒 / 转，也就是说每秒钟转动 33 圈；蟹状星云脉冲星逐渐脱离蟹状星云，这个速度我们称为自行速度，统计研究发现脉冲星的自行速度通常为几百千米每秒。目前已发现的自旋速度最快的脉冲星是 PSR J1748-2446ad，周期为 1.396 毫秒，即每秒转动 716 圈。PSR J2144-3933 是自旋周期较长的脉冲星，其周期为 8.51 秒，即每秒转动 0.12 圈。最近，还有报道发现了周期为 23.5 秒的射电脉冲星。

脉冲星为何会转那么快？它们的自行速度又是如何产生的？首先我们来回顾一下冬季奥运会的花样滑冰，运动员首先展开四肢转动，然后突然收缩身体，这时自旋速度会迅速加快。其实这就是脉冲星自转加速的类似案例，其原理是物体的角动量守恒：人体转速与臂长乘积保持不变，而当臂长减少时导致转速加快。

其实角动量守恒的现象在生活中还有很多，比如跳水运动员在空中双手抱腿收缩身体的时候会旋转得很快。大家都知道直升机，虽然在实际生活中可能没有看到过，但是从电视、网络等应该是看到过其形象的。不知道大家有没有想过，为什么直升机有横竖两个螺旋桨呢？我们知道，直升机是通过水平螺旋桨的旋转造成直升机上下的气压差，使其能在空中飞翔。但是在起飞前，飞机的角动量为零，发动机工作以后水平螺旋桨高速旋转，由角动量守恒，如果没有外力的作用，那么此直升机的机身势必会反向旋转，以抵消螺旋桨的角动量，使角动量维持为零。为了避免这种情况，科学家们便在直升机的尾部安装了一个竖直平面旋转的螺旋桨，如此就可以产生一个阻力，来阻碍机身的运动，这样直升机就可以成功地在空中遨游了。

图 44　恒星到脉冲星的角动量守恒

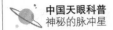
　　脉冲星的前身是恒星，虽然恒星转得慢，但其半径可达几百万千米，当恒星坍缩成脉冲星时，其半径（臂长）收缩到 10 千米，只有前身星的几十万分之一，通过角动量守恒，半径减小，角动量不变，于是脉冲星转速就大大加快了。

　　例如，太阳直径约为 140 万千米，质量约为 1.989×10^{30} 千克，赤道自旋周期约为 25 天，如果将太阳压缩到直径为 15 千米范围时，那么太阳的自旋周期将变为 1.43 毫秒，即每秒大致转动 700 圈。

　　通过研究，天文学家发现，脉冲星刚诞生时的自旋周期最长可以达到 16.7 毫秒 / 转，即每秒至少转动 60 转。在实际观测中我们发现，每颗脉冲星的自转速度都不相同，射电脉冲星的自转周期分布在 0.5 秒左右。那么长周期脉冲星是如何产生的呢？经过观测研究发现，脉冲星的自旋速度并不是一成不变的，而是处于自转周期不断变化的过程中。对孤立脉冲星而言，其不能像恒星一样通过核燃烧来提供辐射的能量，只能由自旋的动能来提供辐射所需的能量（因为它们的旋转磁场实际上会辐射出与自转相关的能量），因此随着中子星年龄的增大，向外辐射的能量越多，其自旋周期也就越长。

　　脉冲星的自旋周期一般用 P 表示。在经过对脉冲星的长期跟踪观测后，就可以得到自旋变化率，即脉冲星自旋减慢率，而且通常其随周期的增长而增大，可用符号 $\dot{p}$ 或 $Pdot$ 来表示。它被定义为每单位时间内（1 秒）脉冲星周期时间的减少量，单位为 s/s（秒每秒）。经过统计后发现，目前脉冲星的自旋变化率通常在 $10^{-22} \sim 10^{-9}$ 秒每秒的范围内，如果按照一年 365 天的时间来计算（1 年为 3153.6 万秒），脉冲星周期增加 1 秒，最快需要 32 年，最慢需要 320 万亿年。例如，蟹状星云脉冲星，其自旋速度以每天 38 纳秒的速度减缓，释放出足够的能量来驱动蟹状星云。当脉冲星自旋速度减慢到一定程度后，就不能驱动无线电发射机制，无法再辐射出无线电信号，也就是说这颗脉冲星就变为了一颗普通的中子星，从我们的视野中"消失"了。

　　P 和 $Pdot$ 是脉冲星非常重要的两个物理参数。通过 P 和 $Pdot$ 便可以估计出脉冲星的特征年龄和特征磁场，并且以 P 为横坐标，$Pdot$ 为纵坐标，构成最重要的脉冲星分布图（P-$Pdot$ 图）。脉冲星在分布图上的位置反映了脉冲星演化所处的阶段和类别，而且 P-$Pdot$ 图蕴含了关于脉冲星总体及其性质的信息，其重要性可相当于光学的赫兹斯隆 - 罗素图。

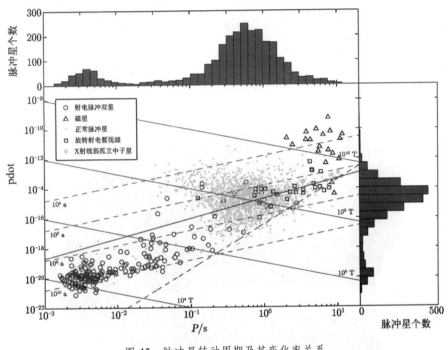

图 45　脉冲星转动周期及其变化率关系

当然脉冲星的自旋速度也是可以增加的，称为自旋上升过程。对于双星系统的脉冲星而言，它们有时可以通过"吸积效应"，来吸积伴星的物质从而使自旋速度增加，可达到每秒转动 600 圈以上。

（2）自行速度

目前人们普遍认为脉冲星诞生于超新星爆发，由于超新星爆发时将释放大量的能量，但是这些能量却不是严格对称的，因此，在这一过程中，脉冲星将获得一个巨大的"踢"速度，即脉冲星自行。例如，炸弹爆炸时，四分五裂的弹片会获得一个很大的速度，而脉冲星就相当于其中的一枚弹片。天文学家研究发现，一般来说，超新星爆发时释放的能量十分巨大，相当于1000多个百万吨级的氢弹同时爆炸，因此脉冲星获得的速度也十分大，通常为几百千米每秒。这个速度到底有多快呢？目前，高铁的最高车速也就486.1千米每小时，即135米每秒。我国的小口径自动步枪，在子弹离开枪口时的最大速度为1.0千米每秒。人造火箭的最大速度也仅为10.8千米每秒。因此，几百千米每秒的速度真是大到我们难以想象。

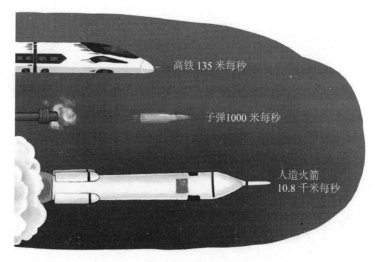

图46 脉冲星自行速度比较示意图

14　中子星极端态：高温、高压和高密度

（1）高　　温

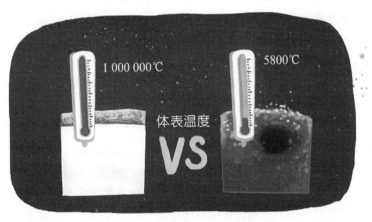

图 47　中子星与太阳表面温度比较

　　中子星的温度主要来自前身恒星在超新星爆发、恒星坍缩时的重力势能。天文学家研究发现，中子星刚诞生时其内部温度大约在1千亿至1万亿开（开尔文是热力学单位，常用符号 K 表示，与我们常用的摄氏度相差一个热力学温度，即0 K= −273.16℃）之间。但是由于中子星上已经没有核反应来维持星体温度，因

此其温度会逐渐降低。中子星在诞生之初会向外辐射出大量的中微子，它们会带走大量的能量，以至于孤立中子星的内部温度在几年内会降至 1 亿开左右，表面温度此时仅约 100 万开，并维持相当长的一段时间。

相较之下，我们熟知的太阳，其表面温度是 5800 开，即 5526.85 摄氏度，越接近核心温度越高，中心温度约为 1500 万开。而太阳只是银河系中一颗中等质量的恒星，温度还不算太高。天文学家通过计算发现，极大质量的恒星，其表面温度最高可达 8 万开左右。也就是说，中子星应该是宇宙中表面温度最高的星体了。

那为什么天文学家寻找观测中子星时不用光学望远镜，而选择巨大的射电望远镜呢？首先我们应该清楚，一个物体温度越高，那么其发的光就越亮。从这点来说，中子星就是银河系中最亮的星星。但是有一点需要明白，我们在看物体时，其亮度与距离的远近和物体的大小也有关，物体越大、距离越近就越容易看到。这就好比太阳和月亮，太阳虽然不是恒星中最大最亮的，但是在人的眼中，它却是最大最亮的，只因为太阳是所有恒星中离我们最近的。同理月亮也是如此。因此虽然中子星很亮，但是它太小，半径只有 10 千米左右，只有太阳的七万分之一，而且距离也非常得远，PSR B1055-52 是离地球最近的中子星，距离地球约 294 光年，是日地距离的几百万倍。因此，中子星是很难用光学望远镜直接观测的，只有少数的脉冲星被光学望远镜看到了。

（2）高　　压

什么是压力呢？压力可以说是我们生活中接触最多的几个力之一。比如我们生活在地球上无时无刻不受到大气压力的作用。在物理学中，将压力定义为物体在单位面积上所受到力的大小，单位为牛每平方米或帕［斯卡］，单位符号为 Pa。在实际应用中，科学家将 101.325 千帕定义为标准大气压，大约为 76 厘米汞柱的压强值。

中子星如此强大的引力场也标志着其星体内部压力也将是大得惊人的。研究发现，中子星内部的压力，从内壳到核心的压力在不断升高，在 $3.2 \times 10^{31} \sim 1.6 \times 10^{34}$ 帕之间。那么这个压强到底有多大呢？地球中心的压强大约是 300 多万个大气压，即平常所说的 1 标准大气压的 300 多万倍。脉冲星的中心压强据认为可以达到 10^{28} 个大气压，是地球中心压强的 3×10^{21} 倍，是太阳中心压强的 3×10^{16} 倍。

最近科学家发现了比中子星核心压力还要强的物质——夸克，其中心的压力是地球大气压力的 100 万亿亿亿倍（10^{30} 倍），这大约是中子星核心压力的 10 倍。

（3）高 密 度

中子星具有原子核的某些性质，包括密度（在数量级上）和由核子组成。因此，在流行的科学著作中，中子星有时被称为"巨核"。然而，在其他方面，中子星和原子核是非常不同的。原子核是由强相互作用连接在一起的，而中子星是由引力连接在一起的。原子核的密度是均匀的，而中子星是由不同成分和密度的多层物质组成的。

下面让我们一起来认识一下这种神奇的天体。中子星的直径在 10~20 千米。它们的平均密度在 370 万亿 ~590 万亿克每立方厘米（地球的平均密度约为 5.5 克每立方厘米），是太阳密度的 260 万亿 ~410 万亿倍，就连白矮星的密度也比中子星低 100 万倍以上，与原子核密度（300 万亿克每立方厘米）大致类似。中子星外壳的密度最小为 100 万克每立方厘米，随着深度的增加，密度也越来越大，甚至可以达到 600 万亿 ~800 万亿克每立方厘米，比原子核的密度还要大。中子星的密度那么大，在我们的脑海中如何去直观地感受呢？其实，最简单的方法就是想象把相当于两倍太阳质量的物质挤进一座城市那么大小的球中！或者，如果把地球压缩成这样高密度的球体，那么地球的直径将只有 243 米（地球直径实际为 12756 千米）！因此，中子星物质挤得很紧密以至于中子星的内部一个勺子大小的物质的质量（约为 5 毫升），其将超过 55 亿吨，大约是地球上吉萨大金字塔的 900 倍。一个乒乓球大小的物质，就相当于整个喜马拉雅山的质量。这种紧密的物质已大大超出了人类的想象，我们也无法判断出中子星的表面硬度到底达到什么程度。天文学家猜测其表面的强度多半类似于地球上最坚硬的物质。中子星表面的原子排列得比钢铁更紧密，其强度是钢铁断点的 100 亿倍。

中子星 物质　　　吉萨大金字塔

图 48　中子星质量密度比较

（4）强　磁　场

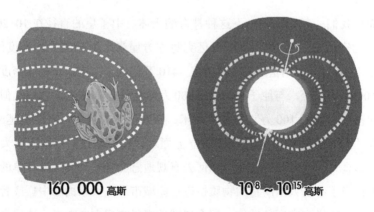

160 000 高斯　　　　$10^8 \sim 10^{15}$ 高斯

图 49　地球最大磁场与中子星比较

中子星表面的磁场强度为 1 亿到千万亿（$10^8 \sim 10^{15}$）高斯。这个数量级高于任何其他天体的磁场。作为比较，一个连续的 16 万高斯磁场已经在实验室中实现，足以悬浮一只活的青蛙，因为抗磁悬浮。

被称为磁星的中子星具有最强的磁场，在 1 万亿至千万亿（10^{12}~10^{15}）高斯，并且已经成为软伽马重复爆（SGRS）和反常 X 射线脉冲星（AXP）的中子星类型普遍接受的假说。

强磁场的起源尚不清楚。有一种假设是"磁通量冻结"，即中子星形成过程中原始磁通量的守恒。如果一个物体的表面积上有一定的磁通量，而该区域缩小到一个较小的区域，但磁通量是守恒的，那么磁场就会相应增加。同样地，一颗恒星从比中子星大得多的表面积开始坍缩，而磁通量守恒会导致更强的磁场。然而，这个简单的解释并不能完全解释中子星的磁场强度。

中子星诞生于核塌陷超新星爆炸中，由于角动量守恒，其旋转速度极快，并且由于磁通量守恒而具有难以置信的强磁场。同时，当核心塌陷时，大质量恒星的磁场线被拉近。这使恒星的磁场增强到地球的 1 万亿（10^{12}）倍左右。类似地，脉冲星的磁场也被放大到 1 万亿高斯，即地磁场（0.5~0.6 高斯）的万亿倍。

（5）强 引 力

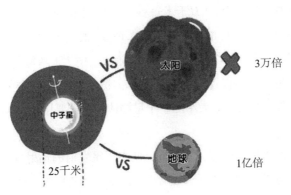

图 50 中子星、太阳和地球的引力场比较

众所周知，宇宙中的黑洞是引力最强的天体，就连光都不能逃离其引力束缚。而中子星的引力仅次于黑洞。但有些反常的中子星经过爆炸和相撞发出的影响会

和黑洞一样可怕。

天文学家研究表明，中子星表面的重力加速度约为 2 万亿（2×10^{12}）牛每千克（N/kg），是地球表面引力的 2000 亿（2×10^{11}）倍左右（重力加速度 g，地球上一般为 9.8 牛每千克）。也就是说中子星上，一个乒乓球大小的中子星物质的质量相当于地球上 7.37×10^{24} 千克物质的质量（100 个月球质量），即 7.37×10^{25} 牛（N）。质量，是衡量物体惯性大小的物理量，不会随物体位置的变化而变化。重量，是物体所受重力大小的量度，会随物体位置的变化而变化，计算公式为 $F=mg$。例如，地球上测得一物体的质量为 10 千克，则重力为 98 牛，在地球同步轨道上，其质量为 10 千克，但重力为 0 N，因为在同步轨道上，重力加速度为零。

1590 年，伽利略在比萨斜塔做了两个铁球同时落地的科学实验，证实了自由落体这一基本定律。在地球上，如果将一个 1 千克的物体从 1 米高的地方释放，使其自由下落，那么它会在 0.45 秒后落地，落地速度为 4.4 米每秒。同样的条件下，如果将场地搬到中子星上，那么它会在 1 微秒（μs；1 秒 =1000 毫秒 =1 000 000 微秒）落地，并加速至每小时 720 万千米。在中子星强引力的作用下，中子星形状是一个极为对称的球体，且表面绝对光滑，地面不平整度最多为 ±5 毫米。

在中子星的巨大引力场下，一个物体必须以光速一半左右的速度才能逃离这颗恒星的引力束缚（光速为 30 万千米每秒）。地球上的逃逸速度分别为，围绕地球表面作圆周运动，第一宇宙速度：7.9 千米每秒；脱离地球引力束缚，第二宇宙速度：11.2 千米每秒；逃离太阳系，第三宇宙速度：16.7 千米每秒。据研究，如果说我们站在中子星上，不仅连脚都抬不起来，整个人都可能会被压缩成一片纸。科学家认为，如果一个火柴盒大小的中子星物体，估计要用 96 000 个火车头才能拉动。

如此强的引力场足以充当引力透镜，使中子星发射的辐射弯曲，使通常看不见的后表面部分可见。如果中子星的半径为 $3GM/c^2$ 或更少，那么光子可能被困在轨道中，这样，中子星的整个表面就可以从一个有利点上看到。

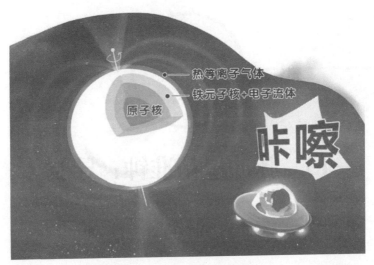

图 51　中子星结构与物质成分

15　脉冲星精准钟：导航

（1）计时工具的发展

在生活中有一个东西是我们一直都在关注的，那就是时间。不管你是学生，还是老师，不管你是在工作，还是在休息，时间概念在生活中无处不在，指引着人们一天天的生活作息。那么人们是如何确定时间的呢？在原始社会，没有时间的计量工具，因此太阳便是人类的指路明灯，人们严格按照日出而作、日落而息的方式生活着。随着人类社会文明的发展，我国古人将太阳的东升西落作为一天，并将其分为12个时辰，但是到了晚上百姓没有计时工具，为此官府建立了一套打更制度，让更夫巡夜报时，这样百姓就知道什么时间了。这也就是为什么古装电视剧中，夜晚总会有人拿着竹筒打更，并提醒人们天干物燥，小心火烛。中国古代的计时器有很多，主要可以分为三类：第一类，以流体力学原理来计时的工具，主要是沙漏和刻漏；第二类，以机械转动的方式来计时，如明朝的灯漏，其以水流为动力来源，不仅可以计时，还拥有自动报时的功能；第三类，利用天文原理设计的工具，其中最广为人知的便是根据日影方向来计时的日晷。但这些计时方式都很粗糙，直到近代发明了机械表后，人们才能较为准确地知道此时是何时。

（2）原 子 钟

随着科学的发展，人们对时间的精度要求越来越高。我们平时所用的钟表，精度高的大约每年有 1 分钟的误差，这对普通的日常生活而言已经足够了，但在要求很高的生产、科研中就远远达不到要求了。1879 年，凯尔文勋爵首次提出用原子跃迁来测量时间的想法，即原子中电子在改变能级时会发出微波信号。

由伊西多尔·拉比（Isidor Rabi）于 20 世纪 30 年代发展起来的磁共振技术，成为实现这一目标的实用方法。1945 年，拉比首次公开表示，原子束磁共振可能被用作时钟的基础。第一个原子钟是建造于 1949 年的 23 870.1 兆赫 [兹] 氨气吸收线装置。它的精度不如现在的石英钟，但也证明了这一概念。第一个精确原子钟，一个基于铯 133 原子的某种跃迁的铯标准，是路易·埃森（Louis Essen）和杰克·帕里（Jack Parry）于 1955 年在英国国家物理实验室（National Physical Laboratory）建造的。如图 52 为世界上第一台铯原子钟。

图 52　铯原子钟模型

目前世界上最准确的计时工具是原子钟，它是 20 世纪 50 年代出现的，利用原子吸收或释放能量时发出的电磁波来计时。现在用在原子钟里的元素有氢（hydrogen）、铯（cesium）、铷（rubidium）等，其中铯原子钟的精度最高，每隔 2000 万年才差 1 秒，这为天文、航海、宇宙航行提供了强有力的保障。但是随着人类对太空探索的不断深入，可以预计原子钟将不能满足需求。1982 年天文学家发现了第一颗毫秒脉冲星，从此毫秒脉冲开始走入人们的视线，在对毫秒脉冲星经过深入的观测研究后，天文学家发现宇宙中居然存在比原子钟还要精确的"钟"。

（3）宇宙最稳定的时钟——毫秒脉冲星

图 53　毫秒脉冲星极其稳定

　　射电脉冲星属于高速自转的中子星，其自转周期一般为 1.4 毫秒 ~23.5 秒，具有极其稳定的周期。脉冲星转动的高度稳定性表现在周期变化率，例如 1999 年测得的脉冲星 PSR J0437-4715 的周期为 5.757 451 831 072 007 毫秒，误差极限达到 10^{-15} 秒每秒，亦即几百万年时间内脉冲星周期慢约 1 秒，几乎可以和氢原子钟 10^{-14} 秒每秒相媲美。毫秒脉冲星的自转周期变化率一般分布在 10^{-18}~10^{-21} 秒每秒，所以脉冲星被誉为自然界最稳定的天文时钟，可以与地面上的氢原子钟和铯原子钟媲美（毫秒脉冲星 10 亿年慢 1 秒，铯原子钟 2000 万年差 1 秒）。例如，PSR J0437-4715 自转周期 P=5.757 451 831 072 007 秒 ±0.000 000 000 000 008 秒。天文学家设想使用脉冲星作为计时标准，进行空间卫星的自主导航。目前，我国开展的 X 射线脉冲星导航技术研究属于基础性、前瞻性和战略性课题，具有重要的学术理论意义和实际工程应用价值。

（4）毫秒脉冲星计时导航

脉冲星导航不受地球距离的影响，其他常用的导航主要有美国全球定位系统（GPS）。自20世纪以来，世界各国先后开展了多种自主导航方法，如惯性导航、卫星导航、天文导航和地磁导航等，其中我国的"北斗"导航就属于卫星导航系统。上述各类自主导航技术均有其特定的适用范围和缺陷，除了脉冲星导航外，其他导航均不能在太阳系外使用。

首次将脉冲星用于导航的设想在1974年提出。2004年，美国国防部国防预先研究计划局提出"基于X射线源的自主导航定位验证"计划。基于X射线脉冲星的导航，首先是接收脉冲星的X射线信号作为时间基准，然后经过相应的终端处理，主要是光电转换及信号处理之后，还相应地做背景辐射信号的干扰，最终精确地进行轨道、时间和姿态测量。所以，X射线脉冲星为导航卫星的自主导航提供了一种全新的思路和有效的实现途径。

图54　脉冲星导航示意图

脉冲星导航具有定位精度高、抗干扰能力强、无需地面系统支持等特点，尤其在深空、战争等极端条件下对航天器自主导航具有不可替代的优势，是各航

天强国争相发展的尖端技术。X 射线脉冲星导航比起传统导航技术的优点主要体现在：① X 射线脉冲星导航可以提供 10 维导航信息（3 维位置、3 维速度、3 维姿态和 1 维时间）；②脉冲星辐射的 X 射线信号可在大气层外的整个太阳系空间被探测到，所以其适用于整个太阳系；③脉冲星导航的定轨精度最小可达 10 米、时间同步精度约 1 纳秒，姿态测量精度 3″，这是传统的其他导航技术都无法实现的。

基于 X 射线脉冲星的导航和定时（XNAV）或简单的脉冲星导航是一种导航技术，它利用脉冲星发出的周期性 X 射线信号来确定飞行器（如航天器）在深空中的位置。使用 XNAV 的飞行器将接收到的 X 射线信号与已知脉冲星频率和位置的数据库进行比较。类似于全球定位系统，这种比较将使车辆能够精确地定位（±5 千米）。在无线电波上使用 X 射线信号的优点是，X 射线望远镜可以变得更小、更轻。

16　毫秒脉冲星奥秘

（1）什么是毫秒脉冲星

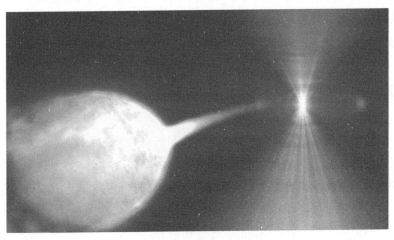

图 55　毫秒脉冲星在双星系

　　毫秒脉冲星（Millisecond Pulsar，MSP）是指自旋周期在 1~10 毫秒范围内的一类特殊脉冲星。现已在电磁频谱的无线电、X 射线和 γ 射线部分都探测到了毫秒脉冲星。它的磁场较低，为 10^8~10^9 高斯，低于常规脉冲星 10^{12} 高斯。然而其

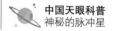
平均质量约为 1.57 个太阳质量，稍高于常规脉冲星（1.35 个太阳质量）。目前人们普遍认为，毫秒脉冲星属于特征年龄比较大的脉冲星，它们正处于或曾经处于一个紧密的双星系统中，通过从伴星中吸收物质而使自旋加快。

许多脉冲星天文学家将循环脉冲星称为毫秒脉冲星，这在某种程度上是可以互换的。这是因为我们现在相信毫秒脉冲星是通过物质的吸积循环产生的。这既加快了脉冲星"自旋"，又降低了其磁场强度。与"正常"脉冲星相比，普通脉冲星只有 1% 是双星，毫秒脉冲星的双星比例很高（大于 50%）。这与毫秒脉冲星形成假说是一致的。

目前已知的所有双星毫秒脉冲星要么有白矮星，要么有非常低质量的伴星。一个可能的例外是 2006 年末由阿雷西博望远镜（PALFA）测量发现的毫秒脉冲星，它的轨道是偏心的，而且很可能是中子星的伴星。

然而，最近有证据表明，标准演化模型未能解释所有毫秒脉冲星的演化，特别是具有较高磁场的年轻毫秒脉冲星，例如 PSR B1937+21。齐兹尔坦（Bülond Kiziltan）和索塞特（S. E. Thorsett）研究表明，不同毫秒脉冲星必须至少由两个不同的过程形成，但另一个过程的性质仍然是个谜。

目前，天文学家已发现毫秒脉冲星 316 颗，其中有 195 颗处于双星系统中，121 颗是孤立的毫秒脉冲星。2005 年发现的 PSR J1748-2446ad 是目前已知的旋转最快的脉冲星，每秒旋转 716 次，即自旋周期为 1.39 毫秒。

由上文可知，毫秒脉冲星诞生于双星系统，而真实观测中却发现大约有 1/3 的毫秒脉冲星是孤立的。它们从何而来呢？目前认为孤立毫秒脉冲星形成原因可能如下：①双星系统中，伴星超新星爆发致使两星分离。在毫秒脉冲星双星系统中，伴星由于超新星爆发，产生大的冲击，从而使伴星逃离毫秒脉冲星，破坏双星系统，产生孤立毫秒脉冲星。②主星的辐射使得伴星被完全蒸发。由于伴星质量较小，随着脉冲星辐射束扫过时，伴星物质不断被剥离，直至完全消失。

（2）发现历史及现状

在 20 世纪 70 年代末，4C21.53 号射电源因其表现出异常高的"行星际闪烁"，而受到天文学家的注意。从前面我们知道，行星际闪烁与射电源是紧密相关的，观测结果表明 4C21.53 可能是超新星遗迹，也就是说这里面的射电源很有可能是一颗脉冲星。

1974 年胡尔斯（Russell Hulse）和泰勒（Joseph Taylor）使用美国阿雷西博 305 米口径射电望远镜对该天区进行搜索，没有发现与脉冲星相关的天体存在。由于在该地区找不到脉冲星，因此胡尔斯他们探讨了闪烁的其他解释，还包括提出全新类别的物体。

1982 年，当意识到以前在 4C21.53 区域未能寻找到脉冲星，是因为当时的设备对足够短的闪烁周期不敏感之后，巴克（Don Backer）开始在范围广泛的脉冲周期和色散措施（包括非常短的周期）敏感的地区进行搜索。最初的搜索计划是以 500 赫兹的频率采样，这样做的速度还是不够快，无法探测到脉冲星在 642 赫兹下的旋转频率。为了简化搜索设备，巴克的学生库尔卡尼（Shri Kulkarni）尽可能快地采样，并在 0.4 毫秒的时间内对信号进行平均，从而有效地在 2500 赫兹进行采样。1982 年 11 月巴克和库尔卡尼发现了一颗自转极快的脉冲星 PSR B1937+21，它的周期仅为 1.56 毫秒，即每秒旋转约 641 次，这是人类历史上发现的第一颗毫秒脉冲星。时至今日，它仍是所发现的大约 300 颗中第三快旋转的毫秒脉冲星。

巴克　　　　　　库尔卡尼

图 56　毫秒脉冲星发现人巴克和库尔卡尼

毫秒脉冲星的发现，由于其极短的自转周期和较低的磁场与当时理论预期的极大偏离，使得他们意识到毫秒脉冲的形成与它们所存在的双星系统有关联：星体通过吸积伴星提供的物质逐渐加速至毫秒量级。毫秒脉冲星 PSR B1937+21 还具有极其稳定的自转周期，其精度足以和原子钟相媲美。PSR B1937+21 的这些特点，以及发现过程的未预见性，为脉冲星的相关研究开启了新的窗口。

图 57　美国天文学家巴克和库尔卡尼幸运找到毫秒脉冲星

（3）脉冲星形成如此高的旋转速度

为什么毫秒脉冲星会有如此高的转速呢？目前吸积加速理论，是对毫秒脉冲星最广为接受的解释。理论上要产生一个毫秒脉冲星，第一步是在双星系统中，有一颗大质量恒星进入超新星时形成一颗中子星，而且超新星爆发不会破坏双星系统，形成中子星双星系统。

紧接着，随着时间的不断演化，伴星逐渐膨胀，两个天体之间的距离不断拉近。当距离达到一定程度时，中子星就开始把物质从它的伙伴身上拉开。由于中子星具有极强的磁场，带电物质受到洛伦兹力的作用，并不能沿直线运动到脉冲星的表面，而是沿着磁力线作用，到达脉冲星磁轴的两极，其能量转化为脉冲星的自转能，从而使脉冲星自转加速。当物质落到中子星上时，它会发出 X 射线。此时 X 射线双星系统已经形成，中子星已经向成为毫秒脉冲星迈出了关键的第二步。

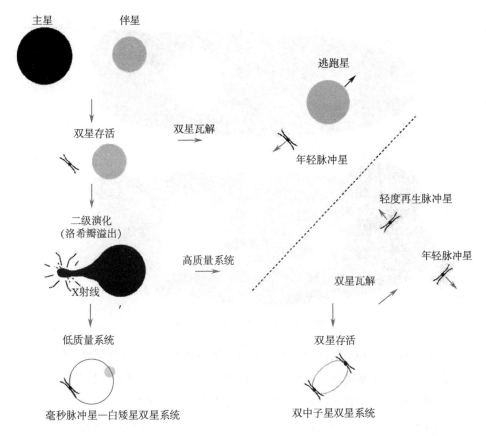

图 58　脉冲双星演化示意图

　　掉到中子星上的物质会慢慢地旋转起来，就像旋转木马每次旋转起来一样。经过 1000 万到 1 亿年的不断推动，中子星自旋周期可以达到每隔几毫秒旋转一次，此时仍然表现为 X 射线中子星。最后，由于中子星的快速旋转或伴星的演化，物质吸积停止，X 射线发射下降，中子星以射电毫秒脉冲星的形式出现。

　　我们知道，对恒星而言，质量越大，其寿命就越短。在双星系统中，如果伴星的质量越小，中子星吸积物质的时间也就越充分，从而就越有可能把自转周期加速到毫秒量级，成为一颗毫秒脉冲星。所以毫秒脉冲星主要诞生于低质量 X 射线系统中。

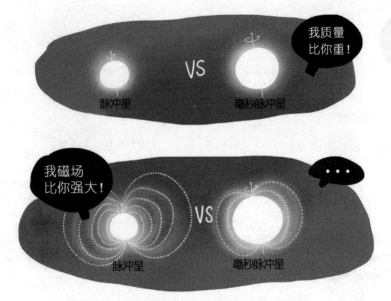

图 59　常规脉冲星与毫秒脉冲星比较

　　为什么毫秒脉冲星自转快而磁场反而小呢？原来脉冲星从伴星吸积物质而加速，随着吸积的不断进行，吸积的带电物质到达磁轴两极，随着时间增长，伴星物质不断在脉冲星中累积，所以其质量也会比普通脉冲星稍微大一些，这也是双星吸积理论的一个强有力的证据。而且在磁极堆积并不断增多的物质，会对脉冲星磁场的屏蔽作用越来越明显，使磁场逐渐减小，所以毫秒脉冲星的磁场低于普通脉冲星。

　　现今大多数天文学家都已经接受产生毫秒脉冲星的双星吸积理论，因为他们观察到中子星在 X 射线双星系统中加速，而且几乎所有的射电毫秒脉冲星都是在双星系统中观测到的。到目前为止，还缺乏明确的证据，因为对于第二步和最后一步之间的过渡对象知之甚少。

（4）毫秒脉冲星的分布和搜寻

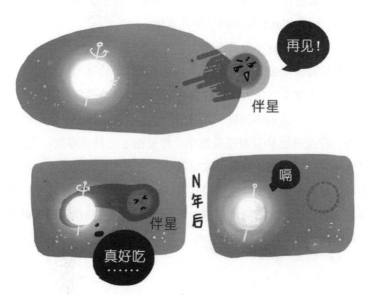

图 60　毫秒脉冲星蒸发伴星

由前文可知，脉冲星不会固定在天区的某一个位置，它们有一个很大的自行速度，会在宇宙中快速运动。现在理论认为，脉冲星主要诞生于银道面，因此如果想要在短时间内发现更多的脉冲星，一般会选择在银道面搜寻。而对于毫秒脉冲星来说，它的年龄一般来说都很大，因此它一定是远离银道面，四散于银河系。

难道搜寻毫秒脉冲星就只能寄希望于运气了吗？天文学家通过观测研究发现，在球状星团中毫秒脉冲星的比例很大。目前已知球状星团中约有 130 颗毫秒脉冲星，占发现脉冲星数的将近五分之二。仅球状星团特赞（Terzan 5）就有 33 颗，其次是杜鹃座（Tucanae），有 22 颗，M28 和 M15 则各有 8 颗脉冲星。因此，球状星团成为天文学家发现新毫秒脉冲星的首选目标。

为什么球状星团能发现大量的毫秒脉冲星呢？球状星团是由成千上万甚至数十万颗恒星组成的恒星集团，以卫星的形式绕银河系中心运行，因其外形呈球状而被称为球状星团。它的恒星密度很高，其平均密度是太阳周围恒星密度的几十

倍，而中心更是达到数万倍。因此，球状星团里的双星密度远远大于银河系，形成毫秒脉冲星的几率也就很大。天文学家研究发现，球状星团中的恒星是银河系中最早形成的一批恒星，大约有100亿年的历史。而中子星吸积成毫秒脉冲星需要很长的时间，因此如此长的时间足够其演化。

由上文可知，毫秒脉冲星只能诞生于双星系统，而真实观测中却发现大约有三分之一的毫秒脉冲星是孤立的。为什么会出现这种情况呢？难道是我们的理论错了吗？目前，天文学家认为，毫秒脉冲星的形成理论是没有问题的，而孤立毫秒脉冲星的形成，可能是因为以下两种情况：①双星系统中，伴星超新星爆发致使两星分离。在毫秒脉冲星双星系统中，伴星由于超新星爆发，产生大的冲击，致使伴星逃离毫秒脉冲星，破坏了双星系统，从而产生孤立毫秒脉冲星。②主星的辐射使得伴星被完全蒸发。中子星需要从伴星吸积物质，才能使自旋加速，但是由于伴星质量较小，随着脉冲星辐射束扫过时，伴星物质不断被剥离，直至完全消失，这就像风将一堆树叶吹走一样。

17　脉冲星双星系统

　　在发现脉冲星双星系统之前，所有广义相对论和其他重力理论的测试都局限于太阳系内存在的弱场，慢运动下的相互作用。在这个极限中，非线性和重力辐射的预测效应可以忽略不计。因此，天文学家非常希望找到或创建一个足够相对论的系统来扩展广义相对论和其他竞争引力理论的实验测试。这些测试在第一个双星系脉冲星被发现后成为可能。

　　脉冲星双星系统是由至少一个脉冲星和伴星组成的。脉冲星稳定发射可检测的射电脉冲，从而可以作为非常稳定的时钟。这两个物体的质量通常在太阳质量的量级上，并且它们彼此快速地绕轨道运行。凭借其大质量和快速轨道运动，脉冲星双星系统为实验者提供了在强场快速运动极限中测试广义相对论预测的机会。因此，天文学家在搜索和表征更多的脉冲星双星系统上倾注了很大的精力，从第一颗脉冲星发现至今的 50 多年中，已经发现了近 300 颗脉冲星双星系统。

（1）脉冲星双星系统的发现

　　1974 年美国普林斯顿大学的泰勒（Russell Hulse）和胡尔斯（Joseph Taylor）发现了第一个脉冲星双星系统，并命名为 PSR B1913+16 或 "Hulse-Taylor 双星"，在一个双星系统中与另一颗恒星围绕一个共同的质量中心在轨道上运行。他们也

胡尔斯　　　　　　　　泰勒

图 61　胡尔斯和泰勒发现脉冲星双星系统

因此获得 1993 年的诺贝尔物理学奖。这是脉冲星领域第二次获得诺贝尔物理学奖。

众所周知，休伊什因发现了第一颗脉冲星，而获得了诺贝尔物理学奖，因为他开启了一个新的研究领域——脉冲星。不知道大家有没有疑问，脉冲星双星系统到底是什么？脉冲星双星系统真的有那么重要吗？为什么泰勒他们仅凭发现第一个脉冲星双星系统便获得了诺贝尔物理学奖？现在让我们带着这些问题一起来认识一类非常有意思的脉冲星——脉冲星双星系统。

图 62　脉冲星双星系验证爱因斯坦引力波预言

脉冲星双星系统是指具有伴星的脉冲星，其伴星通常是白矮星或中子星。伴星通常是主序星、白矮星或中子星等（在至少一种情况下，双脉冲星 PSR J0737-

3039，伴生中子星也是另一颗脉冲星）。

1974 年泰勒和胡尔斯（当时胡尔斯是泰勒的研究生）使用位于美国波多黎各的阿雷西博 305 米射电望远镜，发现了一颗自转周期为 59 毫秒的新的脉冲星，命名为 PSR B1913+16。胡尔斯在继续观察新发现的脉冲星 PSR B1913+16 时，他注意到脉冲的到达时间有系统的变化。有时，脉冲比预期的要早一些；有时，比预期的要晚。

当时离第一颗脉冲星的发现仅仅过了 7 年，人们对脉冲星的了解还很肤浅，胡尔斯还不能立刻确信他所看到的周期变化就是事实，经过反复观测后，确定脉冲到达时间呈周期性变化，持续时间为 7.75 小时。他意识到，这可能是由于脉冲星在以非常快的速度绕着另一颗恒星运行，这样脉冲周期便会出现这种周期性的变化，即多普勒效应：当脉冲星向我们移动时，脉冲会更频繁；反之，当它背离我们时，在特定的时间内会被探测到的更少。人们可以想到脉冲，就像时钟的嘀嗒声；嘀嗒声中的变化是脉冲星速度向我们和离我们的方向变化的迹象。

他把这个消息电告泰勒，泰勒立刻赶往阿雷西博，他们进一步研究后认为这是一个脉冲星双星系统，还一起确定了双星的周期和两颗天体之间的距离。

PSR B1913+16 脉冲星双星系统的研究也导致了第一次用相对论正时效应精确地确定中子星质量。当这两个天体接近时，引力场更强，时间的传递速度减慢，脉冲之间的时间延长。然后，当脉冲星时钟通过最薄弱的部分时，它恢复了时间。一种特殊的相对论性效应——时间膨胀，以类似的方式围绕轨道运行。这种相对论性的时间延迟是指如果脉冲星在圆形轨道中围绕着它的同伴以恒定的距离和速度运动，它与实际观测的结果之间的区别。

在 2015 年之前，脉冲星双星系统是科学家们唯一能探测引力波证据的工具；爱因斯坦的广义相对论预言两个中子星在轨道上绕着一个共同的质心而发射引力波。带走轨道能量，使两颗恒星靠近，缩短它们的轨道周期。一个包含脉冲星定时、开普勒轨道和三个后开普勒修正的信息的 10 参数模型（星际推进速率，重力红移和时间膨胀因子和轨道周期从重力辐射发射的变化率）足以完全模拟双脉冲星定时。

PSR B1913+16 系统轨道衰变的测量结果与爱因斯坦方程几乎完全吻合。相对论预测，随着时间的推移，双星系统的轨道能量将转化为引力辐射。泰勒和胡尔斯及其同事收集的 PSR B1913+16 轨道周期的数据支持了这一相对论性预测；他们在 1982 年和随后的报告中说，两颗脉冲星观测到的最小间隔与如果轨道分离保持不变的情况下的观测值不同。在发现之后的 10 年里，该系统的轨道周期每年减少约七十六万分之一秒。

PSR B1913+16 双脉冲星双星系统的发现，第一次间接证实了爱因斯坦引力波的预言，使爱因斯坦的理论在遥远的宇宙中得到了证实。目前，双脉冲星双星系统是为数不多的允许物理学家测试广义相对论的天体之一，因为它们的附近有很强的引力场。虽然脉冲星的双星伴星通常很难或不可能直接观测到，但它的存在可以从脉冲星本身的脉冲定时推断出来，而脉冲星本身的脉冲时间可以用射电望远镜进行非常精确的测量。因此 PSR B1913+16 的发现意义重大，泰勒和胡尔斯获得的诺贝尔物理学奖也是实至名归。

（2）双脉冲星系统

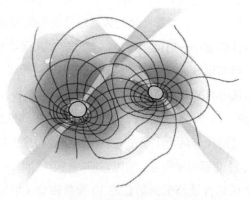

图 63   双脉冲星系统

PSR J0737-3039 是已知的唯一双脉冲星系统。它由两个中子星组成，它们在相对论双星体系中发射电磁波。这两颗脉冲星被称为 PSR J0737-3039A 和 PSR

J0737-3039B。它是 2003 年在澳大利亚帕克斯天文台由一个由射电天文学家玛尔塔·伯基率领的国际团队在一次高纬度脉冲星调查中发现的。

J0737-3039 的轨道周期（2.4 小时）是迄今已知的最短的对象（泰勒和胡尔斯发现的 PSR B1913+16 周期的 1/3），这使得能够进行最精确的测试。在 2005 年，测量结果显示了广义相对论和观察之间极好的一致性。特别是，由于引力波的能量损失的预测似乎符合理论。由于重力波引起的能量损失，普通轨道每天收缩 7 毫米。这两种成分将在大约 8500 万年内合并。由于相对论自旋进动，脉冲星 B 的脉冲在 2008 年 3 月已无法探测，但由于进动回到视野，预计将于 2035 年再次出现。

PSR J0737-3039A 是 2003 年在澳大利亚帕克斯无线电天文台 65 米天线上被发现的；J0737-3039B 直到第二次观测才被确定为脉冲星。这个系统最初是由一个国际团队在一次高纬度多波束测量中观察到的，目的是为了在夜空中发现更多的脉冲星。最初，这个恒星系统被认为是一个普通的脉冲星探测系统。第一次探测显示，一颗脉冲星在围绕中子星的轨道上运行，周期为 23 毫秒。只有在后续观察后，第二颗脉冲星才被探测到，伴星周期只有 3000 秒。虽然自 1967 年休伊什和贝尔在剑桥大学发现脉冲星以来，已经探测到了 1400 多颗脉冲星，但这个系统的发现引起了人们极大的兴趣。以前的观测记录了一颗绕中子星运行的脉冲星，但从来没有两颗脉冲星相互环绕。

为了检验爱因斯坦 1915 年提出的广义相对论，天文学家正在研究双脉冲星系统 PSR J0737-3039。对双脉冲星的研究是一个很好的机会，因为由于强质量转移而产生的扭曲时空环境是非常罕见的，因此对于爱因斯坦理论的测试和引力波的观测来说是非常完美的。

（3）其他种类的脉冲星双星系统

脉冲星双星系统是指具有伴星围绕的脉冲星系统，自 1974 年发现第一颗双星系统至今，总共发现了 300 颗脉冲星双星系统。双星脉冲星主要可以分为以下几类：

高质量的偏心双星脉冲星。这些系统的伴星质量较大，一般是质量在 10 个太阳质量左右的主序星。它们具有数周至数年的长轨道周期，并且通常具有高度偏心的轨道。脉冲星 PSR B1259-63 是一个很好的例子。

以白矮星为伴星的脉冲星双星系统，质量通常在 0.1~1.2 个太阳质量之间。到目前为止，在所发现的脉冲星双星系统中白矮星双星系统的数目最多。在双星系统演化过程中，白矮星形成于脉冲星之后，那么在大多数情况下，脉冲星将会吸积伴星的物质，成为毫秒脉冲星。经过吸积过程的双星系统，其轨道将变成非常规则的圆形轨道，例如 PSR J0437-4715 和 PSR J1157-5112。如果白矮星是在脉冲星之前形成的，那么这个系统将拥有一定的偏心率，例如 PSR J1141-6545。

双脉冲星系统，其伴星是一颗中子星（不会辐射射电脉冲）。它们具有较短的轨道周期和偏心轨道，为相对论引力理论提供了最有力的检验之一。其中最为人所知的是 PSR B1913 + 16，第一次间接证明了引力波的存在（由于引力辐射导致轨道衰减）。

脉冲星双星系统，是脉冲星双星系统中最特别的存在。这些系统中主星和伴星都是脉冲星并都可以被观测到。由于该类系统实在是太过特殊，至今也就仅仅发现了一个此类系统。

以行星为伴星的脉冲星双星系统。虽然它们是否是真正的双星系统还有待商榷，但其轨道是可以用开普勒运动定律来描述的。最令人兴奋的是 PSR B1257 + 12，它拥有三个行星，其中一个比月球还要轻。

18　强磁场中子星

（1）宇宙中最有磁性的星星——磁星

中子星是银河系中奇怪的、神秘的天体。几十年来，天文学家们一直在研究能够观测到中子星的更好的仪器。想象一个不断抖动的固体中子球，紧紧地挤在一个城市大小的空间里。特别是有一类中子星是非常有趣的，它们被称为"磁星"。这个名字来自于它们的特征：具有极强磁场的天体。虽然普通中子星本身有难以置

图64　磁星示意图

信的强磁场——1万亿（10^{12}）高斯的量级，对于那些喜欢跟踪这些东西的人来说，磁星的威力要大很多倍。相比之下，太阳表面的磁场强度约为10高斯，地球上的平均场强仅有半高斯（高斯是科学家用来描述磁场强度的测量单位）。

磁星，是指偶极磁场非常强（10^{14}~10^{15}高斯）的脉冲星。统计发现，磁星具有较长的自转周期（$P \approx 10$秒）和较大的周期变化率（$Pdot \approx 10^{-13}$~10^{-11}秒每秒），且自转减速过程很不稳定，通常伴随着跃变和计时噪声，因此，其脉冲轮廓、光

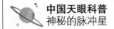
谱等会发生变化；磁星的特征年龄都比较短（τ 为 $10^3\sim10^4$ 年）；对于自转减速的能损率小于 X 射线辐射光度的磁星，其辐射通常包含热辐射和非热辐射成分；某些磁星还可以产生耀发。根据加拿大麦吉尔大学的磁星表，到现在为止共发现了29 颗磁星，它们都是孤立的，其中 15 颗为软 γ 射线复现源（soft gamma repeater, SGR）（11 颗已确定，4 颗候选），14 颗为反常 X 射线脉冲星（anomalous X-ray pulsar, AXP）（12 颗已确定，2 颗候选）。对另外 1 颗源（J1846-0258）观测到了类似于磁星的耀发，但并未确定其是否是磁星。除 CXOU J010043.1-721134 以外（特征年龄约为 6760 年），大部分磁星主要分布在银河系的银盘附近。

　　磁星是一个具有超强磁场的中子星。它的磁场强度约为 10^{15} 高斯，比地球磁场强 1000 万亿倍，比射电脉冲星强 100~1000 倍，使它们成为已知最具磁性的天体。

　　它们与所有中子星一样，通过超新星爆炸中的大质量恒星的核心坍缩而形成。目前还不清楚什么条件会导致一个磁星而不是普通的中子星或脉冲星产生，但是为了实现这样的强磁场，一些理论表明中子星最初必须每秒旋转 100~1000 次。

　　那么，磁星是如何形成的呢？从中子星开始。这些物质是当一颗大质量恒星耗尽氢燃料在其核心燃烧时产生的。最终，这颗恒星失去它的外壳并崩溃。结果是发生一次被称为超新星爆发的巨大爆炸。在超新星爆发期间，一颗超大质量恒星的核心被塞进一个直径只有 40 千米的球中。在最后一次灾难性的爆炸中，核心区崩塌得更厉害，形成一个直径约 20 千米的致密球。这种难以置信的压力导致氢核吸收电子并释放中微子。在核塌陷后剩下的是一团中子（它们是原子核的组成部分），它的重力非常高，磁场很强。要获得磁层星体，需要在恒星核心崩溃的过程中有稍微不同的条件，这会产生最终的核心，旋转非常缓慢，但也有更强的磁场。

　　不管磁星是如何诞生的，其强大的磁场是它最具决定性的特征。即使在离磁层星 1000 千米外的地方，磁场的强度也会非常大，以至于能把人体的组织撕碎。如果磁层飘浮在地球和月球中间，它的磁场将足够强大，足以从你的口袋里拿出钢笔或回形针等金属物体，并彻底地消磁地球上所有的信用卡。这还不是全部。它们周围的辐射环境会非常危险。这些磁场非常强大，粒子的加速很容易产生 X 射线发射和 γ 射线光子，这是宇宙中能量最高的光。

（2）磁星的发现

图 65　磁星的发现

磁星的概念最早于 1987 年提出，并于 1992 年成功地用于解释软伽马中继器 (SGR)。然而，直到 6 年后，当发现脉动和测量 SGR 的自旋速率时，仍少有人认真考虑它是一个磁场强度为 8×10^{14} 高斯的中子星。

从那时起，随着磁场的衰减，X 射线和 γ 射线的发射，SGRS 和反常 X 射线脉冲星都得到了成功的解释。然而，由于磁星的脉冲周期集中在 6~12 秒之间，所以在一段短时间内，磁星似乎只有 X 射线的亮度。如果它们持续活动很长一段时间，我们也应该可以看到脉冲周期为几十秒或更长的磁星。

2006 年，天文学家发现，磁星 XTE J1810-197 以射电脉冲星的形式出现，其光谱非常平坦。事实上，这种磁星从无线电长到毫米波都是可见的，并且有一个快速演变的脉冲周期。通常射电脉冲星有非常稳定的脉冲周期，或者在几个不同的模式之间切换。磁星 XTE 1810-197 的射电脉冲随着其逐渐消失而日新月异。

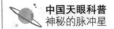
（3）磁星的种类

图 66　两类磁星示意图

磁星是拥有较高磁场的一类特殊脉冲星，具有以下特点：①非常强的偶极磁场（B：10^{14}~10^{15} 高斯）；②较长的自转周期（$P\approx10$ 秒），较大的自转周期变化率（Pdot$\approx10^{-13}$~10^{-11} 秒每秒）和较短的特征年龄（$\tau\approx10^3$~10^4 年）；③ Edot$<L_X$（Edot和 L_X 分别表示磁星自转减速的能损率和 X 射线辐射的光度），其辐射通常既包括热辐射成分又包括非热辐射成分；④某些磁星可以产生巨大耀斑，能量最高可达 10^{47} 尔格每秒（erg/s）；⑤没有发现伴星；⑥自转减速过程很不稳定，通常伴随着跃变和计时噪声，由此导致磁星的脉冲轮廓、光谱等发生变化。根据麦吉尔大学的磁星表，到现在为止共发现了 29 颗磁星，25 颗测到了周期数据，24 颗推出了磁场数据，其中 16 颗 SGRs（11 颗已确定，4 颗候选），14 颗 AXPs（12 颗已确定，2 颗候选），此外的 1 颗源（J1846-0258）观测到了类似于磁星的爆发，并不确定是否是磁星。它们的周期分布在 2072.13~11 788.98 毫秒之间，磁场分布在 7.5×10^{12}~2.0×10^{15} 高斯之间。它们的磁场大部分比较强，但 SGR 0418+5729 是例外，它的磁场约 7.5×10^{12} 高斯。在银河系空间分布图中，磁星大多数位于银盘附近，只有 CXOU J010043.1-721134 的分布位置离银盘比较远，该磁星的特征年龄约 6760 年。磁星的 X 射线光度大约是自旋减速光度的 100 倍，这说明磁星除自旋外还需要额外的能量供应，而且磁星的光谱中既包含热辐射成分，又包含

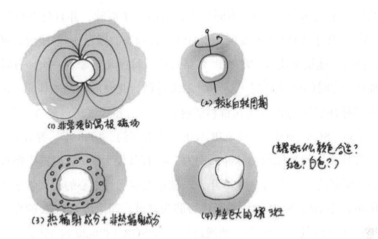

图 67　磁星各种现象

非热辐射成分。一些磁星也会发射射电辐射，但是磁星的射电谱与普通脉冲星的射电谱有很大不同，磁星的射电谱更加扁平，脉冲轮廓的变化与时间有很大的相关性。一般说来，磁星的磁场比常规脉冲星磁场高出 2 至 3 个量级，磁场分布范围在 $10^{12.5}$~$10^{15.5}$ 高斯，SGR 0418+5729 是例外，它的磁场只有 10^{12} 高斯，而且越过了"死亡线"（射电脉冲观测截止线）。这对磁星的定义提出了挑战，磁星并不一定都表现为强磁场。一般认为 SGR 0418+5729 是老年的磁星，磁场已经衰减得比较弱了，但它仍拥有比较强的内部磁场，偶尔会破坏脉冲星壳产生 γ 射线。这颗源的发现表明，磁星的数量要比预想得多，而且对 γ 射线爆、超新星等的研究具有深远的影响。目前已经测到磁场和自旋周期的磁星为 24 颗，它们在磁场-自旋周期图中的分布可以看出这些磁星不同于常规脉冲星的分布，且数量少，分布在常规脉冲星聚集区域以外，所以它们的形成及演化也应该不同于常规脉冲星。

　　磁星的主要来源可分为：软 γ 重复爆源（soft γ-ray repeater: SGR）和反常 X 射线脉冲星（anomalous X-ray Pulsar: AXP）。SGR 是在硬 X/ 软 γ 射线波段产生的高强度可重复的短爆，约几年爆发一次，每次持续时间约几十毫秒。1979 年，一个与超新星遗迹成协的 γ 射线源在大麦哲伦星云附近被发现，随后的观测显示这个源与正常的 γ 射线爆源不同，它辐射的光子更软，并且伴有重复爆发的现象。首颗 SGR 于 1979 年被发现，当时认为这颗源的爆是 γ 射线爆，可持续几百毫秒，释放的能量平均为 $10^{40} \sim 10^{41}$ 尔格每秒，每过几年爆发一次，有时还会出现超级耀斑，此时的能量最高可达 10^{47} 尔格每秒，此时的脉冲图像是：在持续几百毫秒尖端脉冲后跟随着持续几百秒的脉冲尾巴。超级耀斑已经在三颗 SGR 上 (SGR 0526-66、SGR 1900+14 和 SGR 1806-20) 观测到。1998 年，源 SGR 1806-20 在其 X 射线休止期间被探测到脉冲周期为 7.47 秒及较大的 $\dot{P}$，根据磁偶极模型推算出它的磁场高达 10^{15} 高斯。1998 年，马歇尔太空飞行中心的天文学家柯维利托（Kouveliotou）检验了 SGR 的中心天体可能为磁星，理论认为 SGR 的爆发使得星体能量损失而导致其自转变慢，她通过比较源 SGR 1806-20 自 1993 年以来爆发周期的变化（增长了 0.008 秒），计算出中心天体磁场约为 8×10^{14} 高斯，如此高强度磁场与磁星的性质一致。

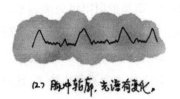

(1) 无伴星

(2) 脉冲轮廓，光谱有变化。

图 68　磁星能谱特征

AXPs 的 X 射线谱较软，它们的自转周期变化率可以推断其 X 射线不是来自于自转能的损失，并且结合自旋周期得到的星体表面磁场可高达 $10^{13} \sim 10^{15}$ 高斯，自旋周期一般为 2~12 秒，较慢的自转速度意味着 X 射线辐射不可能源自自转能的损失，宁静态时 X 射线的辐射特征都与 SGR 相似，其较快的自旋衰减率预示着非常强的磁场，所以一种较好的解释是它们是具有超强磁场的磁星；另一种解释是在吸积模型中，AXP 被认为具有正常磁场强度的中子量，物质吸积提供 X 射线辐射原能源，并造成中子星的自转变化。结合现在的观测情况，AXP 是磁星的推断更加具有说服性。首颗 AXP 被卫星 EXOSAT 发现于 1980 年，当时被认为是特殊的 X 射线吸积脉冲星，它的 X 射线光度约为 10^{35} 尔格每秒，但是在它的附近没有发现伴星或者吸积盘。

此外，一种有趣的现象是磁星也可以产生射电辐射，目前只探测到了 4 颗这种类型的磁星：XTE J1810-197、AXP 1E1547-5408、PSR 1622-4950 和 SGR J1745-2900，其中 PSR 1622-4950 是唯一一颗由于射电探测而发现的磁星。虽然射电磁星的样本很少，但是仍发现了射电辐射的一些性质：①射电辐射与 X 射线辐射相关联；②射电辐射流量随 X 射线辐射流量一起衰减，但射电辐射流量衰减开始时间却是延迟的；③它在射电波段变化非常明显；④射电辐射光谱相对扁平。瑞依（Rea）等 2012 年的论文指出，当射电磁星处于宁静态时，$L_X < E$dot，而对于射电宁静的磁星通常 $L_X > E$dot。汤姆孙（Thompson）等认为当磁星 $L_X > E$dot 时，星体附近大量的带电粒子会对磁场产生影响，从而阻碍射电辐射的产生。但是这种理论只适合有限的几颗磁星。目前关于磁星的射电辐射触发机制的研究仍处于初级阶段，有待于未来的进一步探索。未来的大射电望远镜可以以射电宁静的磁星为重要观测目标，对磁星的射电辐射进行更深层次的探索。

虽然仍有很多不清楚的地方，但是最近几十年来对磁星的研究已经取得了巨大的进步，关于磁星的形成与演化、磁场结构、辐射机制以及与其他孤立脉冲星的关系等问题的研究取得了巨大的成果。尤其是低磁磁星（SGR 0418+5729 和 J1822.3-1606）的发现表明磁星不一定拥有强偶极磁场，而是拥有强的内部磁场的极向分量。此外，低磁磁星的发现暗示了磁星的真实数量要比我们以前预测的多，因此磁星诞生率应该比预测的要高一些。在演化方面，磁星很可能是在高质量的 X 射线双星中诞生的，其前身星质量较大而且与伴星的距离较近。此外，磁星经过演化很可能会变成孤立的 X 射线脉冲星（XINS）。最近还提出了吸积磁星，认为高亮度 X 射线源（ULX）是由处在高质量 X 射线双星中的磁星通过吸积产生的，但是，至今也没有发现位于双星系统中的磁星。关于磁星磁场的结构问题也不清楚，例如磁场在星体核与壳、壳与磁层交汇处会发生怎样的变化等问题。在辐射机制方面，磁星的扭曲磁层模型已被广泛接受，在磁层处粒子对的共振回旋加速散射解释了磁星的多波段辐射，尤其是在软 X 射线波段与观测得到的光谱符合得

非常好。但是，许多基础问题仍不清楚，例如因磁星所造成的极端环境导致的光子分裂、电子偶素分裂等问题。此外，在磁星星壳与大气层以及磁层之间也缺少可信赖的可解释磁星多波段辐射的模型。对于磁星爆研究方面，并没有一个理想的模型可以解释爆的发生，磁重连是解释 γ 射线辐射的一个可能的方案。通过强磁俘获等离子体，对形成火球模型可解释巨大耀斑的尾巴，等离子体可解释射电余晖。此外，在磁星的爆中也出现了准周期震荡，关于爆的触发机制还不清楚，可能是由于星震产生的，但是目前对于星震模型的研究很有限。总之，还有许多问题需要解决。

（4）我们在哪里找到磁星

至今，已有几十颗已知的磁星被观测到，其他可能的磁层星体仍在研究中。其中最接近的是在离地球 16000 光年远的一个星团中发现的。这个星系团被称为韦斯特伦德 1 号，它包含了宇宙中一些质量庞大的主序恒星。它们中有一些是如此之大，它们的大气层会到达土星的轨道上，而且许多行星云就像 100 万个太阳一样明亮。

这个星团中的恒星是非常不寻常的。由于它们都是太阳质量的 30 到 40 倍，这也使得星系团相当年轻。(更大质量的恒星演化很快，所以年老的星系团不含有大量的大质量恒星。)但这也意味着，已经离开主序列的恒星至少包含 35 个太阳质量。这本身并不是一个令人吃惊的发现，然而，随后在韦斯特伦德 1 号中发现了一个磁星，在天文学界引起了震动。

传统上，当一颗 8~25 个太阳质量恒星离开主序列并在一颗巨大的超新星中死亡时，中子星（因此也是磁星）形成。然而，由于韦斯特伦德 1 号中的所有恒星几乎同时形成（质量是影响老化速度的关键因素），原始恒星必须大于 40 个太阳质量。

目前还不清楚为什么这颗恒星没有坍缩成黑洞。一种可能是磁星的形成方式与正常中子星完全不同。也许有一颗伴星与进化中的恒星相互作用，这使得它过早地消耗了大量的能量，物体的大部分质量可能已经消失，留下的东西太少，无法完全演化成黑洞；然而，没有检测到伴星。当然，伴星可能在与磁层星祖先的能量相互作用中被摧毁。显然，天文学家需要对这些物体进行研究，以便更多地了解它们本身以及它们是如何形成的。

19 寡妇星与脉冲星行星系统

（1）认 证 过 程

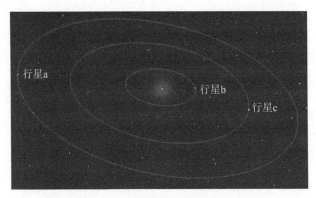

图 69　脉冲星行星示意图

脉冲星行星是在脉冲星轨道上发现的行星，或者说是快速旋转的中子星。第一颗这样的行星被发现是围绕一个毫秒脉冲星，也是第一个被发现的太阳系外行星。

脉冲星行星是通过脉冲星定时测量发现的，用来检测脉动周期中的异常。任何围绕脉冲星旋转的天体都会引起脉动的规律性变化。由于脉冲星通常以接近恒定的速度旋转，所以可以借助于精确的定时测量方便地检测到任何变化。脉冲星行星的发现是出乎意料的，脉冲星或中子星以前已经进入超新星，人们认为任何围绕这些恒星运行的行星都会在爆炸中被摧毁。

1991 年，林恩（Andrew G. Lyne）宣布在 PSR 1829-10 附近发现第一颗脉冲星行星。然而，就在第一颗真正的脉冲星行星被宣布之前，这一发现被收回。

1992 年，沃尔兹坎（Aleksander Wolszczan）和法里尔（Dale Failil）宣布在毫秒脉冲星 PSR 1257+12 周围发现了一个多行星系统。这是第一批被证实和被发现的太阳系外行星，因此也是发现的第一颗多行星太阳系外行星，也是发现的第一颗脉冲星行星。关于脉冲星如何拥有行星的问题，人们对这一发现存在疑问。然而，这些行星被证明是真实的。后来，通过同样的技术发现了另外两颗质量较低的行星。

沃尔兹坎（Wolszczan）的证据确确实实地表明，有一颗脉冲星不仅只被一颗行星所环绕，而是具有一整套行星系统！沃尔兹坎有些不安，"脉冲星不可能有行星环绕"。事实证明沃尔兹坎是对的，他不仅发现了脉冲星的"摇摆"，而且计算出有 3 颗行星在围绕这颗脉冲星运行，并且这些行星每 200 天就相会一次，每一次相会其中较大的两颗行星都会相互影响对方，这就使它们的轨道发生一些微妙的改变。正是这些改变，使他发现了这颗脉冲星拥有行星的秘密。

脉冲星还是一个完整的行星系统。这样的发现让"猎星人"感到十分困惑，因为脉冲星具有行星，这是天文学家过去没有想到的。脉冲星是爆发过的中子星，它怎么可能会有行星呢？第一个日外行星系统就是这样被发现的，由于它不符合现代的天文学理论，这个发现总是让人感到有些意外。

PSR B1257+12 是沃尔兹坎于 1990 年 2 月 9 日使用阿雷西博射电望远镜发现的。这是一颗毫秒脉冲星，自转周期为 6.22 毫秒（每分钟 9650 转）。1992 年，沃尔兹坎和弗雷尔（Dale Frail）发表了一篇著名的论文，论述了第一次证实太阳系以外行星的发现。1994 年，利用改进的方法又发现了一颗围绕这颗脉冲星运行的行星。

2000 年，发现毫秒脉冲星 PSR B1620-26 有一颗旋转行星（PSR B1620-26b），它同时绕它和它的伴生白矮星 WD B1620-26 轨道运行。这颗行星被宣布为有史以来发现的最古老的行星，有 126 亿年的历史。目前，人们认为它最初是白矮星

B1620-26 的行星，后来变成了一颗循环系统行星。

2006 年，位于地球 1.3 万光年（1.2×10^{17} 千米）的磁星 4U 0142+61 被发现有一个环恒星盘。这一发现是由美国麻省理工学院的查克拉巴蒂（Deepto Chakrabarty）领导的，使用斯皮策太空望远镜。这个圆盘被认为是由大约 1000 年前形成脉冲星的超新星遗留下来的富含金属的碎片形成的，类似于那些围绕类似太阳的恒星所看到的碎片，表明它可能以类似的方式形成行星。脉冲星行星不太可能存在生命，因为脉冲星发射的高水平电离辐射和相应的可见光稀少。

2011 年，发现一颗被认为是围绕脉冲星运行的行星。它围绕毫秒脉冲星 PSR J1719-1438 运行。据估计，该行星的密度至少是水的 23 倍，直径 55000 千米，质量接近木星，轨道周期 2 小时 10 分钟，在 600 000 千米处。它被认为是从蒸发白矮星中残留下来的钻石晶体核心，估计重量为 2.0×10^{27} 千克（1.0×10^{31} 克拉）。

到目前为止，已知的脉冲星行星有三种类型。第一种，如 PSR B1257+12 颗行星是由一颗曾经环绕脉冲星运行的被摧毁的伴星的碎片形成的。第二种，如在 PSR J1719-1438 中，行星很可能是它的伴星，或者在被附近脉冲星的极端辐射几乎完全摧毁后剩下的行星。第三种，如 PSR B1620-26b 很可能是一颗被捕获的行星。

（2）太阳系外行星

想象一颗行星绕着一颗死恒星运行。这个世界将沐浴在一种致命的 X 射线和带电粒子的混合物中，这些粒子是由一颗在可见光下非常微弱的恒星发射出来的，它几乎不会在这个世界的表面投下阴影。这听起来像科幻小说，但像这样的奇异世界确实存在。

我们不断地在遥远的恒星周围发现越来越多的系外行星，令人兴奋的是，我们发现了越来越像地球的行星。尽管如此，人们很容易忘记，第一批发现的系外行星实际上并不像地球一样。事实上，第一颗被发现的系外行星是围绕脉冲星运行的一颗早已死亡的恒星。

图 70　行星影响脉冲星计时

奇怪的世界，尽管如此，我们知道有少数行星围绕着这些脉冲星运行。第一次发现这样的行星是在 20 多年前，其围绕一颗名为 PSR 1257+12 的脉冲星运行。脉冲星从它们的磁北极和南极发射两束辐射。

我们在地球上看到的脉冲是如此地规律，你可以用它们来设置你的手表，但这也意味着脉冲时间的任何变化都是很容易发现的。如果脉冲星将行星拖在一起，它们在轨道上产生的微小引力就能稍微抵消这个时间。效果微乎其微，但它是存在的，并且可以被探测到。

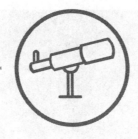

20 脉冲星磁场

（1）为何会有如此大的磁场

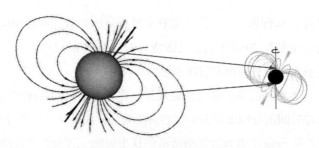

太　阳　磁通守恒：磁场×面积＝常数　中子星

图 71　从大质量恒星到脉冲星磁场通量守恒

中子星是大质量恒星演化到晚期，经超新星爆发而形成的产物。它们具有强的磁场、强力场和超高的物质密度，因此为研究极端环境下的物理现象提供了"天然实验室"。而磁场是中子星重要的物理参数之一。中子星表面的平均磁场强度一般来说是 1 万亿（10^{12}）高斯。有一类爆发强 X 射线的中子星，其磁场可以高达 10^{15} 高斯，目前是宇宙中已知最强大的磁体。这是其他任何物体难以企及的数量级：就地球而言，其表面磁场强度还不到 1 高斯，也就是说，中子星的磁场是地球的万亿倍。目前，人类所能创造的最强磁场（也是地球上最强的磁场）也才只有 1.6×10^5（16 万）高斯，还不到中子星磁场的一千万分之一，在这个磁场强度下，能通过反磁悬浮悬浮活的青蛙。如果有一天地球磁场突然变得和中子星磁场一样大，那时地球上的生物会发生什么变化，真是难以想象。

中子星为什么会有如此大的磁场呢？虽然中子星已经被发现超过 50 年，但其强磁场的起源学术界还没有统一的结论。目前，天文学家广泛接受的一个解释是"磁通冻结"，或在中子星的形成过程中保持原始磁通量——磁通量守恒（$BR^2=$ 常数）。例如在磁感应强度为 B 的匀强磁场中，有一个面积为 S 且与磁场方向垂直的平面，磁感应强度 B 与面积 S 的乘积，称为穿过这个平面的磁通量，简称磁通（magnetic flux）。如果一个物体在其表面积上有一定的磁通量，该区域收缩到一个较小的区域时，由于磁通守恒，然后磁场将相应地增加。同样，将其推广到中子星，即虽然恒星的磁场不大，但其经过超新星爆发后，坍缩成中子星，其面积变成之前的几亿分之一，甚至更小，根据磁通量守恒，那么其磁场将变成之前的几亿倍甚至几百亿倍。

太阳的平均磁场约为 100 高斯，半径取 70 万千米，并假定是规则的球形。当它坍缩到 10 千米范围时，如果磁通量守恒，可以得到磁场强度与其面积成反比（$S=\pi R^2$），也就是与半径的平方成反比，这样坍缩后的磁场将变为原磁场的近五百亿倍，即 4.9×10^{12} 高斯。然而，这个简单的解释，只能解释一部分中子星的磁场来源，像磁星等类型的中子星还有待天文学家的进一步研究。还有学者认为，中子星内部的中子（或夸克）自旋磁矩定向排列，其磁场甚至可以高达 10^{16} 高斯。

中子星磁场的分布情况如何？自 1967 年中子星（脉冲星）被发现至今，已经发现 3000 多颗，其中大约 300 颗是低磁场（$10^8 \sim 10^9$ 高斯）毫秒脉冲星，十几颗是超强磁场的磁星（10^{15} 高斯），大部分中子星磁场在 10^{12} 高斯附近。观测针对来自磁场区域的辐射，这些源的大约 90% 有射电辐射，约 10% 是高能辐射。

那么，中子星的磁场如何演化？这个问题还没有彻底解决。现在较多学者接受的观点是，中子星磁场在双星吸积过程中减少了，同时星体旋转加速，这是毫秒脉冲星循环模型。其观测证据为：①有一半多毫秒脉冲星处于双星系，它们的磁场 B 和自旋周期 P 符合加速关系，即 B-P 正相关；②不久前发现的双脉冲星，

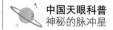

其中一颗是毫秒脉冲星（约 10^9 高斯），另一颗是正常脉冲星（约 10^{12} 高斯），符合磁场演化预期；③美国宇航局卫星 RXTE 发现了处于双星吸积系统中的 X 射线脉冲星，其测定的自旋周期是 2.5 毫秒，估计的磁场约 10^8 高斯，这和射电脉冲星 B-P 基本一致。

（2）磁偶极模型

　　理论上认为中子星磁场是偶极磁场，类似于我们的地球由南北两极构成。表面磁场从北极出发，回到南极，在中子星表面附近，磁场线就构成了两个瓣状，而在中子星两极形成极冠区。我们接收到中子星的射电波、光学波段、X 射线、γ 射线都是从两极极冠处发射的。中子星的磁场结构如图 72 所示。由于中子星的自转轴和磁场轴不同，一边辐射一边旋转，当旋转到辐射面面对我们的时候，我们就接收到信号，反之当旋转到辐射面背离我们的时候，就接收不到信号，因此在地球上接收到的是一个一个的脉冲，这就是灯塔模型。

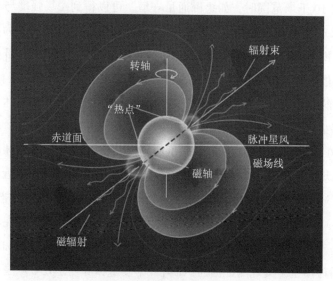

图 72　脉冲星辐射模型

（3）测量方式

　　中子星这么强的磁场，是如何测定的呢？现在对它的测量主要包括以下几种方法。

　　①射电脉冲星的自转周期在减小，这被认为是旋转磁偶极子辐射电磁波消耗中子星动量造成的，由此推导出 B 与 P 和 P 变率公式，因此只要测量脉冲星 P 和 P 变率就可估计出其磁场；②对于 X 射线脉冲星，当自旋周期 P 测出后，由开普勒定律计算共转半径，给出中子星磁球的约束，而磁球正比于磁场、反比于吸积率，所以再测出吸积率，磁场就估计出来了；③直接测量中子星磁场只能针对少数 X 射线源，其原理是，电子在磁场中回旋运动的共振能级是 $11.6\,(keV)(B/10^{12})$，只要找到这个能级，就能推算出星体磁场。显然，第三种方法是可靠的直接测量，目前只有大约 40 个源直接测到了磁场。方法①和方法②需要假定中子星的参数，诸如质量和半径，因此在估算数量级上一般有效。曾经出现过方法①和方法③测量结果相差 100 倍的毫秒脉冲星，不过方法①适用于测量大尺度磁场，而方法③适用于测量局部磁场，这可能是因为毫秒脉冲星存在局部强磁区。

　　中子星磁场方向和自转轴夹角，即磁倾角，也发现了演化。统计表明，年龄大的脉冲星磁倾角变小。但是磁倾角的测量准确性还有待解决，因为部分脉冲星使用两种方法得到的角度不同。第一种方法是利用射电偏振，第二种方法是利用脉冲星辐射核心束。

　　尚未解决的问题还有哪些？观测表明大部分毫秒脉冲星磁场集中在 $10^8 \sim 10^9$ 高斯，10^8 高斯似乎是下限。那么为什么中子星存在磁场下限或底磁场，是否和吸积演化有关等问题是值得探讨的。最快的脉冲星自转频率是 716 Hz，那么为什么脉冲星不能更快，如 1000 Hz，一种解释认为毫秒脉冲星的形变导致引力辐射，高速旋转的脉冲星角动量被引力波辐射消耗掉。此外，中子星磁场的上限大约是 10^{15} 高斯，是否存在更强的磁场？约束磁场上限的条件是什么？磁场约 10^8 高斯的 X 射线脉冲星处于双星系，很多源显示出 X 射线准周期振荡现象（QPO）。而处于双星系的白矮星也被发现 QPO，这两类源的 QPO 关系存在类似性，这些 QPO 的双星致密星体特征也是亟待解决的问题。

21 脉冲星引力场

（1）什么是引力——太阳地球引力

图 73 中子星相当于地球上一个城市的大小

前面我们说过中子星是一颗非常致密的星体，质量为1~2个太阳质量，但是半径只有10~20千米。这么致密的星体，必然有超强的引力场，现在就让我们一起来感受一下中子星的引力到底有多强吧。

在正式讨论之前，首先我们要弄明白什么是引力？引力（或称重力）是一种自然现象，即所有具有质量或能量的物体——包括行星、恒星、星系，甚至是光都会相互吸引（或被引力吸引）。比如，在地球上，因为引力给物体带来了重量，月球的引力导致了海洋的潮汐。在大尺度上，宇宙中的原始气态物质，由于相互之间的引力，使得他们相互吸引，逐渐聚结形成恒星，而恒星也因为引力的作用聚在一起，形成星系。我们的地球之所以能围绕太阳作公转也是因为太阳引力的作用，所以引力支撑着宇宙中许多大规模结构。

1687 年，英国科学家牛顿首先发现万有引力的存在，即任何物体之间都有相互吸引力，这个力的大小与各个物体的质量成正比，而与它们之间距离的平方成反比。在大多数应用中，引力很好地被牛顿万有引力定律所近似。1915 年，爱因斯坦提出的广义相对论中对引力进行了准确的描述，它认为重力不是一种力，而是由于质量分布不均匀所造成的时空曲率的结果。时空曲率最极端的例子是黑洞，任何东西——甚至光——都逃不出黑洞的视界。引力是指两个有质量的物体相互加速靠近的趋势，其大小与两个物体质量的乘积成正比，与其距离的平方成反比。两个物体的质量越大，相隔距离越近，引力就越大。

那么，先计算一下地球表面的引力强度。在赤道附近，一个物体所受到的引力等于其重力，那么引力产生的加速度近似是 10 米秒每秒。对于太阳来说，其质量大约是地球的 33 万倍，半径大约是地球的十亿倍，其重力加速度约是 270 米每平方秒。如果有一个物体可以接近太阳表面，那么它在太阳表面所受到的引力是地球的 27 倍。从运动学的角度来说，在地球上一个物体自由下落 1 秒，可以下落 5 米，下落的速度为 10 米每秒，在太阳上可以下落 135 米，速度为 270 米每秒。

（2）脉冲星超强引力场

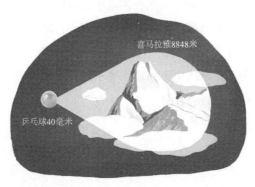

图 74 中子星乒乓球大小物质相当于地球珠穆朗玛峰的质量

　　通过前面的学习，在了解了什么是引力之后，现在让我们一起来看看脉冲星的引力场到底有何特殊之处。对脉冲星来说，其质量与太阳质量相差不多，是其1.4倍左右，但是脉冲星的半径却出乎意料得小，只有不到地球半径的六十分之一，太阳半径的七万分之一左右，即10千米。从而，我们可以大致推算出中子星表面物体所受到的引力是地球的2000亿倍，其重力加速度约为2×10^{12}米每平方秒。说到这儿，可能大家对脉冲星如此强的引力场的影响还不是很清楚。

　　下面将通过一些对比事例让大家对此有一个比较清晰的认识。比如地球上的一斤（500克）苹果，一个小孩子都能毫无压力的将其高高举起，但要是把它放在中子星上，这时这些苹果就相当于地球上1000亿千克物体产生的重量；如果一个成年人可负重200斤的话，那么在脉冲星上1个苹果需要10亿人才能把它抬起来。从运动学的角度来说，如果一个物体从1米高处落在半径12千米的中子星上，它将以每秒1400千米的速度到达地面，是当下最快火箭速度的170多倍。

　　脉冲星的强引力也会影响到它上面的物体的形态。我们知道月球因为引力小，宇航员行走在上面有一种武林高手"高来高去"的感觉，如果上了脉冲星的话他会直接被引力压成一张纸片的厚度。众所周知，地球上最高的山峰是珠穆朗玛峰。天文学家通过计算发现，由于引力的原因，脉冲星上最高的山峰仅仅有5厘米高，大约只有一个乒乓球的高度，因此脉冲星是一个绝对对称的球体，表面绝对光滑。

　　脉冲星的引力场强到可以使光发生弯曲。我们知道宇宙中的恒星、行星、卫星等都可以看成一个近似的球体，从地球上观测它们时，因为光沿直线传播，所以我们永远只能看到星球的一半。比如地球的卫星月球，从地球上观测时，只能看到月球的一半，月球的背面永远藏在黑暗中，也就是说千百年来，地球上的人类看到的始终是同一半的月亮。天文学家研究发现，脉冲星强大的引力场可以产生引力透镜现象，使中子星发射的辐射弯曲，使通常看不见的后表面部分可见。如果中子星的半径为3千米或更小，那么光子就有可能被困在轨道中，从而使我们有机会看到通常看不到的后表面。

22　脉冲星的质量范围

　　罗森菲尔德（Rosenfeldd）于 1973 年在苏威（Sofvay）会议上讲道：1932 年当发现中子的消息从剑桥传到哥本哈根时，玻尔、朗道和他一起讨论了这个伟大发现的可能含义。1932 年朗道首先提出了由中子组成致密星体的可能性。1933 年巴德和兹维基独立地提出了中子星的概念，并指出中子星可能产生于大质量恒星的晚年的超新星爆发。由于当时射电天文学发展得十分有限，一直不知道如何去搜寻中子星，没有人研究中子星的辐射模型，更没有人去猜测其辐射特性。直到 1967 年，贝尔在观测射电辐射受行星际物

图 75　苏联物理学家朗道

质的影响时，意外地发现脉冲星 PSR B1919+21，这为脉冲星的观测和研究开启了新篇章。经多年研究证实，中子星是大质量的恒星演化到末期，经过超新星爆之后，其星核部分坍缩成为高密度的天体，相对密度在白矮星和黑洞之间，在地球上找不到与其密度相匹配的物质。一般情况下，中子星密度为 10^{13}~10^{15} 克每立方厘米，相当于原子核的密度。观测发现，大部分中子星是孤立的，还有一些存在于双星系统中。天文学家可以通过双星系统来测定中子星的质量和其他一些相关参数来研究中子星的各种特性。通过 X 射线望远镜或者射电望远镜对双星系统的观测和研究发现，中子星的质量大约为 1.4 个太阳质量，是由 8~25 个太阳质量

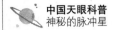
的恒星在演化终端形成的，半径在 10 ～ 20 千米之间，相当于把太阳压缩到北京四环范围内。

　　一般观测认为，中子星的质量范围为 1.0~2.7 个太阳质量，半径为 10~20 千米，其平均密度约为 10^{14} 克每立方厘米（相比较太阳密度仅约为 1.4 克每立方厘米），相当于原子核的密度。由于中子星的极高密度，其内部具有极其特殊的物态结构。另外，在超新星爆发后留下的核心半径很小，根据恒星在坍缩过程中角动量守恒，中子星诞生时即具有很快的自转速度，这类中子星将会因电磁辐射损失能量而自旋变慢（观测显示射电脉冲星自旋周期分布为 1.4 毫秒 ~23.5 秒），利用这一性质还可估算脉冲星的特征年龄。此外，中子星还具有极强的磁场，其表面磁场强度为 10^{8}~10^{15} 高斯。

致谢

    出版一本青少年与大众了解天文学的科普书籍，曾经一直是中国"天眼"FAST工程前首席科学家南仁东研究员的夙愿，书籍的构思也伴随着 FAST 工程的成功建设与顺利运行而日臻成熟，所以感谢 FAST 团队全体成员的鼓励与期待，他们孜孜不倦的努力一直激励着作者前行的脚步。

    初稿起草到完稿校对期间，参与 FAST 课题的研究生倾情投入大量时间，在此深表谢意；那些浮现眼前的名字包括刘鹏、刘珊珊、刁振琪、叶长青、吴庆东、杨佚沿、张见微、王德华、尚伦华、潘元月、黄飞龙、崔翔瀚、张月竹，等等。

    特别感谢国家自然科学基金委员会数理学部（课题编号 U1938117）的支持，使得作者与学生一起有机会合作实施了中国天眼的科普事业，为开启我国民众的新科学视野作出贡献。

张承民

2020 年 6 月 3 日于北京